有色金属矿开采流域重金属污染状况调查与评价

——以乐安河流域（德兴段）为例

张依章　刘足根　主编

U0252121

中国环境出版集团·北京

图书在版编目（CIP）数据

有色金属矿开采流域重金属污染状况调查与评价：以乐安河流域（德兴段）为例/张依章，刘足根主编. —北京：中国环境出版集团，2022.7

ISBN 978-7-5111-5201-5

Ⅰ．①有… Ⅱ．①张…②刘… Ⅲ．①流域污染—重金属污染—污染调查—研究—乐平 Ⅳ．①X522

中国版本图书馆 CIP 数据核字（2022）第 121506 号

出 版 人　武德凯
责任编辑　孔　锦
封面设计　岳　帅

出版发行　**中国环境出版集团**
　　　　　（100062　北京市东城区广渠门内大街 16 号）
　　　　　网　　　址：http://www.cesp.com.cn
　　　　　电子邮箱：bjgl@cesp.com.cn
　　　　　联系电话：010-67112765（编辑管理部）
　　　　　发行热线：010-67125803，010-67113405（传真）
印　　刷　北京建宏印刷有限公司
经　　销　各地新华书店
版　　次　2022 年 7 月第 1 版
印　　次　2022 年 7 月第 1 次印刷
开　　本　787×960　1/16
印　　张　12.5
字　　数　200 千字
定　　价　69.00 元

中国环境出版集团郑重承诺：
中国环境出版集团合作的印刷单位、材料单位均具有中国环境标志产品认证。

本书编写委员会

主 编

张依章　刘足根

副主编

张　萌　曹英杰　刘栎灵　杜　平　曾　萍　凌郡鸿　张　胜

编写人员

王红梅　敦　宇　常宝健　赵光磊　胡林凯　廖海清　李铭书

姚　娜　李　娟　王辉峰　宋卫红　吕翠翠　张秋英　刘　浩

段怡君　吴文卫　公　霞　曹　宝　李宇婷　罗　兰　王国锋

周　慇　吴俊伟

前　言

　　有色金属矿产开发流域的重金属污染呈现多介质、多相态和多过程等特点，具有高度的复杂性。在多介质方面，开矿过程中产生的废渣石及尾矿砂等以扬尘形式导致大气重金属污染，酸性矿山废水（Acid Mining Discharge，AMD）排放导致地表水及地下水重金属污染，废污水灌溉则导致土壤重金属污染，造成流域水、土、气多介质环境及生态恶化；在多相态方面，重金属价态丰富，受氧化还原条件及酸碱性控制，在不同介质中表现为不同价态和相态，其环境效应及环境行为存在显著差异，重金属污染及生态风险评价存在复杂性；在多过程方面，重金属存在复杂的迁移转化过程，在环境介质中以溶解态、胶体态及颗粒态等形式迁移，并在迁移过程中伴生复杂的转化过程，在流域尺度上难以解析重金属的源汇效应。以上诸特点导致流域重金属污染具有长期性及累积性，即使闭矿后，由于风化等作用仍有大量重金属从破碎的废石和选矿尾矿等废渣石中渗出。这些金属元素会在矿山小流域环境中活化、迁移和再分配，污染周边土壤与地下水，也可通过地表径流进入受纳河流造成下游河道沉积物中重金属累积。因此，在矿山流域尺度内，研究重金属污染的源汇关系、迁移转化过程和环境效应，开展生态风险评价是环境地球化学及环境科学领域的重要内容之一。

本书选择赣东北有色金属矿集聚区所在的乐安河流域作为研究区域，首先介绍了流域重金属污染调查及评价方法等理论基础，然后介绍了重金属在不同介质中的界面过程及释放规律，在此基础上对重金属的来源解析、相关性分析和风险分析等进行了介绍，最后还对重金属在不同介质中的交互作用进行解析，系统全面地论述了有色金属矿开采流域重金属污染状况调查与评价的基础理论、技术方法及应用案例。

全书内容共分为 10 章，由张依章、刘足根主编并负责总体设计，张萌、曹英杰、凌郡鸿等负责统稿、审校。最后，感谢中国环境出版集团给予本书的大力支持，使本书能够顺利出版。

由于作者的水平有限，书中难免存在疏漏和错误，恳请有关专家和广大读者不吝赐教，并提出批评和建议。

目　录

1 绪论

1.1 重金属污染

重金属原意是指比重大于 5 的金属（密度大于 4.5 g/cm^3 的金属），包括铅（Pb）、镉（Cd）、铬（Cr）、汞（Hg）、镍（Ni）、铜（Cu）、锌（Zn）、铁（Fe）、锰（Mn）等；砷（As）是类金属，但其化学性质同重金属有相似之处，通常也将其归并于重金属的研究范畴；铜和锌等元素具有营养元素和污染物的双重属性；铁和锰具有营养元素的属性且毒性较低，一般认为不是污染元素。在环境污染研究中重点关注的重金属元素主要是毒性较为显著的汞、铅、镉、铬、砷，还包括具有一定毒性的铜、锌等。

重金属在大气、水体、土壤、生物体中广泛分布，而底泥往往是重金属的储存库和最后的归宿。当环境发生变化时，底泥中的重金属形态将发生转化并释放造成污染。重金属不能被生物降解，但其具有生物累积性。进入环境中的重金属若其含量明显高于背景值，会导致环境质量恶化，甚至威胁人类。重金属在人体内能和蛋白质及各种酶发生强烈的作用，使它们失去活性，也可能在人体的某些器官中富集，如果超过人体所能耐受的限度，会造成人体急性中毒、亚急性中毒、慢性中毒等，对人体造成很大的危害。因此，重金属污染问题日益受到人们的重视。

铅：主要污染来源于各种油漆、涂料、蓄电池、冶炼、五金、机械、电镀、化妆品、染发剂、釉彩碗碟、餐具、燃煤、膨化食品、自来水管等。它是通过皮肤、消化道、呼吸道进入人体内与多种器官亲和，主要毒性效应是贫血症、神经机能失调和肾损伤，易受害的人群有儿童、老人、免疫低下者。人体内正常的铅含量应该在 0.1 mg/L，如果含量超标，易引起贫血，损害神经系统。

镉：镉不是人体的必要元素。镉的毒性很大，可在人体内蓄积，主要蓄积在肾脏，引起泌尿系统的功能变化。镉主要来源于电镀、采矿、冶炼、燃料、电池和化学工业等排放的废水；废旧电池中镉含量较高。镉也存在于水果和蔬菜中，尤其是蘑菇，在奶制品和谷物中也有少量存在。正常人体血液中的镉质量浓度小于 5 μg/L，尿液中小于 1 μg/L。镉能够干扰骨中钙，如果长期摄入微量镉，可致骨骼严重软化，引起骨痛病，还会引起胃功能失调，并干扰人体和生物体内锌的酶系统，导致血压上升。

汞：汞及其化合物属于剧毒物质，可在人体内蓄积。其主要来源于仪表厂、食盐电解、贵金属冶炼、化妆品、照明用灯、齿科材料、燃煤、水生生物等。血液中的金属汞进入脑组织后，一部分汞离子会逐渐在脑组织中蓄积，达到一定量时就会对脑组织造成损害，另一部分汞离子转移到肾脏。

铬：主要来源于劣质化妆品原料、皮革制剂、金属部件镀铬部分、工业颜料以及鞣革、橡胶和陶瓷原料等。如误食铬，可致腹部不适及腹泻等中毒症状，引起过敏性皮炎或湿疹；如吸入铬，会对呼吸道有刺激和腐蚀作用，引起咽炎、支气管炎等。水污染严重地区的居民、经常接触或过量摄入铬者，易得鼻炎、结核病、腹泻、支气管炎、皮炎等。

镍：冶炼镍矿石及冶炼钢铁时，部分矿粉会随气流进入大气；在焙烧过程中也有镍及其化合物排出。其主要种类为不溶于水的硫化镍（NiS）、氧化镍（NiO）、金属镍粉尘等。燃烧生成的镍粉尘遇到热的一氧化碳，会生成易挥发的、剧毒的致癌物羰基镍 [Ni(CO)$_4$]。精炼镍的作业工人，患鼻腔癌和肺癌的概率较高。

锌：锌及其化合物所引起的环境污染，主要来源于锌矿开采、冶炼加工、机械制造以及镀锌、仪器仪表、有机物合成和造纸等工业的排放。汽车轮胎磨损以及煤燃烧产生的粉尘、烟尘中均含有锌及其化合物，工业废水中锌常以锌的羟基络合物形式存在。

铜：铜污染指铜及其化合物在环境中所造成的污染。其主要污染来源于铜锌矿的开采和冶炼、金属加工、机械制造、钢铁生产等。冶炼排放的烟尘是大气铜污染的主要来源。

1.2　重金属污染来源

重金属的污染来源途径有多种，可分为自然来源和人为来源两类。自然来源是指在自然界中非人为活动带来的重金属污染，如岩石风化、火山爆发、生物体腐败等；人为来源是指人类在生产活动中带来的重金属污染，包括矿场与油井开采、化工厂的"三废"排放、化肥的流失等。随着工农业的不断发展，人为来源已成为环境中重金属污染的主要来源。

（1）自然来源

在自然来源中，母岩的性质在一定程度上影响着土壤中重金属的含量，而且，岩石的风化过程影响着土壤中重金属含量的背景值。石英质岩石抗风化能力强，所以在石英质岩石上发育的土壤中重金属的含量变化相对较小，而在碳酸盐类岩石上发育的土壤中重金属的含量则易受岩石风化的影响。此外，生物体腐败、火山爆发、森林火灾、海浪飞溅、植被排出、风力扬尘等也是重要的重金属污染自然来源。

（2）人为来源

①交通运输源

汽车尾气中含有较多的重金属，其中铅的含量最高。因为汽油中往往加入$Pb(C_2H_5)_4$作为防爆剂，造成尾气中的铅含量高。此外，在汽车轮胎里还存在汞、镉等重金属，这些元素通过轮胎摩擦进入环境。此类重金属来源具有明显的叠加性，且以道路为轴向两侧影响程度逐渐减弱。

②农业污染源

农业污染源主要是指在农业生产活动中产生的重金属污染，例如农药、有机肥和化肥的不合理施用。肥料中的主要重金属污染是磷肥，土壤中80%的镉主要来源于磷肥，同时镉在土壤中的质量分数和磷质量分数的关系成正比。农药中铅、汞、砷等元素含量较高；当前的有机肥由于其肥源多来自集约化的养殖场，目前养殖场的饲料添加剂中往往含有大量的铜和锌，经迁移最终进入环境。此外，畜禽养殖、农业塑料薄膜、污泥利用和污水灌溉都是重金属的重要来源。

③生活污染源

生活垃圾中含有多种重金属。生活垃圾作为载体造成重金属元素的扩散和迁移，从而污染土壤和地下水。甚至部分生活垃圾直接堆入农田，造成农田土壤中的重金属含量增加，从而危害农作物，最终通过食物链危害人体健康。

④工矿业污染源

工矿业在生产过程中产生废水、废气，其中的重金属会通过物质循环进入周围的水体和土壤中，造成重金属污染程度急剧增高。对于有色金属开采区而言，矿产在开发活动中均有重金属向环境中排放，主要有矿山开采、矿石选矿、尾矿堆放等。吴超等以湖南某铅锌矿山为研究对象，通过对采矿活动重金属污染的事故树分析，将矿区划分为：尾矿污染区、精矿运输污染区、风沉降污染区、坑道废水污染区；尾矿库是重金属向环境释放迁移最重要的场所，是矿山环境重金属污染物的主要来源。通过建立重金属离子随酸性矿山废水（Acid Mine Drainage，AMD）迁移的数学模型定量分析，发现重金属元素首先通过尾矿中硫矿物的氧化使尾矿废水酸化，重金属化合物在酸性条件下发生一系列的化学反应后开始向环境迁移。

有色金属矿产资源开发必然引起矿区环境严重的重金属污染。由于采矿活动将矿石从地下搬运到地表，使地下一定深度的矿物暴露于地表环境，改变了矿物的物理化学性质，从而使重金属元素开始向生态环境释放和迁移，造成重金属污染。矿区的土壤重金属污染高于一般地区，地表高于地下，污染时间越长重金属积累就越多。

1.3 重金属污染及危害

1.3.1 水体重金属污染与危害

水体重金属污染通常会对水中的动植物和人类造成危害。水中的重金属通过生物富集积累在水生动植物体内并通过食物链又富集在人体内，对人体造成危害。

（1）对水生植物的危害

目前，最能解释重金属对水生植物危害作用的是自由基伤害理论。通常情况下，许多酶促反应和某些低分子化合物的自动氧化都会产生活性氧。水生植物在长期的进化过程中，体内形成了超氧化物歧化酶（SOD）、过氧化氢酶（CAT）和过氧化物酶（POD）组成的有效清除活性氧的酶系统。它们在一定范围内及时清除机体内过多的活性氧，以维持自由基代谢的动态平衡，能维持水生植物体内活性氧自由基的较低水平，从而避免了活性氧对水生植物细胞的伤害。由于重金属能导致水生植物体内活性氧产生速率和膜脂过氧化产物明显上升，使得水生植物体内活性氧自由基的产生速度超出了水生植物清除活性氧的能力，因而引起细胞损伤。这是重金属对水生植物产生毒害的一个重要机制。重金属对植物的毒性表现在抑制植物生长、降低呼吸和光合作用、降低植物对营养物质的吸收能力、改变蛋白质及酶的活性和改变细胞的膜透性。

（2）对水生动物的危害

水生动物通常以水藻和浮游生物为食，重金属对水生动物的危害主要表现为通过食物链将环境中的重金属富集在动物体内。王召根研究了 Cu^{2+} 和 Cd^{2+} 对泥蚶的毒害作用，结果显示 Cu^{2+} 和 Cd^{2+} 离子浓度越高，泥蚶存活率越低，毒性作用为 $Cu^{2+} > Cd^{2+}$。李华研究了重金属对淡水鱼的毒害作用及重金属在鱼体内的富集情况，结果显示 Cd 在淡水鱼体内富集程度分别为肌肉＜鳃丝＜肾脏＜肝脏＜血液。此外，水生动物还可能通过鳃呼吸时，或身体表面和水体接触时发生的渗透交换作用将重金属富集在体内。

（3）对人体的危害

重金属可以通过呼吸作用、与皮肤接触或者消化系统富集在人体内。重金属对人体的毒害作用涉及机体新陈代谢的各个方面，重金属在机体分子、细胞、器官等不同水平上表现出各类毒性效应。首先，人体对某些重金属的过量摄入会影响机体对其他营养元素的吸收，造成机体营养失调。其次，不同重金属会对人体造成不同的毒害效应。例如，20 世纪 50 年代发生在日本的"水俣病"，就是由于水体汞污染。汞通过食物链富集在人体内，会损伤人的神经中枢系统。同一时期，日本还发生了由于人们长期饮用含镉水和食用含镉大米引发的"骨痛病"。镉单独暴露，能致使机体肾功能衰竭，使人体患上糖尿病和骨质疏松症等疾病。骨痛病实质上就是重金属镉对人体骨骼的毒害作用。铬作为一种变价金属，三价铬毒性较低且是人体所需微量元素，但六价铬有剧毒，可通过呼吸、接触、饮食进入人体，对人的皮肤和呼吸道都有毒害作用，严重时可以致癌。铅、砷、铜等也会对人体有毒害作用。

1.3.2　沉积物重金属污染与危害

水体沉积物不仅可以保留流域的天然地质信息，而且能反映人为作用对环境的影响。受重金属污染的水体，水相中重金属的含量往往甚微，而且随机性很大。通过各种途径排入水体的重金属污染物由于不易降解，逐步转移沉积至底泥中，所以底泥中重金属含量比水相高得多，在一定条件下水体中 99% 的各种形态的重金属可以存储于沉积物中，具有极强的累积作用，并表现出一定的规律性，是水环境重金属的指示剂，可以作为水环境重金属污染的重要评价标准。

沉积物中重金属具有持久性、高毒性、难降解、不可逆、易生物富集等特点。底泥沉积物污染会直接影响水生生态系统的健康，首要危害的目标是水生生物，高污染水平的沉积物区的敏感生物可能会灭绝，有时所有的物种都会灭绝。例如云南省滇池和内草海，20 世纪 50 年代湖水清澈见底，云南特有的海菜花及其他沉水植物遍布全湖，由于水体污染，80 年代末湖水透明度仅为 10~20 cm，内草海已无沉水植物。美国华盛顿州的 Commencement 湾的污染航道中底栖片脚类动物已经很难见到。沉积物中的有毒污染物不但可以直接危害底栖生物的健康，而且可以以水和食物链为途径发生传递和生物富集作用，直接危害生态环境和间接影响人类供水安全和健康。

1.3.3　土壤重金属污染与危害

随着城市化和工业化的快速发展，人类活动对自然环境的影响越来越大。土壤作为自然环境的重要组成部分，不可避免地受到人类活动的强烈干扰。土壤环境面临的挑战之一就是重金属的污染问题。

通常所说的土壤重金属污染，主要是指以工业为代表的人类活动生产制造出的废弃物（废水、废气和废渣，俗称工业"三废"）中含有大量的重金属元素，这部分重金属通过不同途径进入土壤介质，造成土壤重金属含量超标，危害土壤环境，导致土壤生态系统恶化，并产生一系列不良后果的现象。在众多的污染类型中，土壤重金属污染之所以受到人们的普遍关注与重视，主要原因有两方面：

①土壤是自然界物质与能量循环的重要介质和反应场所。它既是载体——接收来自大气和水体的污染物，又是二次污染源——将污染物转移到其他系统以及生物链中（如土壤中的重金属污染物会通过不断地下渗而到达地下深层，污染地下水水源），因而可以说土壤在环境中重金属的迁移转化过程中扮演着十分重要的角色。②土壤重金属污染会造成严重的后果。当土壤中的重金属含量高于其自然背景值或国家土壤环境质量标准规定的安全限值时，土壤生态环境就会因受到重金属的干扰而"中毒"；受重金属污染而"中毒"的土壤，自身土壤质量会下降，土壤酶活力受到影响，pH 等理化性质发生改变，土壤原有的结构被破坏，土壤功能减退乃至丧失。土壤重金属污染也会危及土壤中动植物及微生物的生长发育，导致植物的种子发芽率降低，植物体生物量减少，农作物生长受到抑制，土壤中生物的存活率降低导致土壤微生物活力下降，并最终引起土壤生物多样性下降。由此可见，土壤重金属污染的危害之大、影响之深。

农田土壤长期受到低剂量重金属的暴露时，其潜在生态危害与风险则有可能更为严重。这是因为在长期受低剂量重金属暴露影响的农田土壤中，重金属浓度往往会升高，高含量水平的土壤重金属易被粮食、蔬菜、瓜果等植物体吸收，然后富集在农作物的可食用部位，最终通过食物链到达人体并蓄积在人体器官内。通过食物链的富集放大作用，处于食物链顶端的物种，体内重金属含量水平通常会特别高。谷类、叶菜和土豆等食材对欧洲人体内总镉的贡献率分别为 26.9%、16% 和 13.2%。由此可见，人体直接从环境中摄入的重金属量很小，远远比不上从食物中摄取的量。总之，农田中土壤重金属污染将会直接或间接地导致食物中重金属水平提升，最终使相当数量的重金属进入人体，对人体造成潜在威胁。

当生物体摄入的重金属量大于排出的量时，多余的重金属便会在机体内蓄积。一般来说，机体内重金属的半衰期特别长（10～30 年），且随着暴露时间的延长，有机体内重金属的蓄积量会越来越大。有研究表明受污染环境中，鱼贝类、鸟类、两栖类及哺乳类动物等体内均发现高浓度的重金属。当机体内的重金属蓄积到一定浓度后，机体就会表现出相应的病症。

总之，重金属的毒性效应涉及分子、个体、群落与种群等各层面，对机体的危害巨大，且具有元素特异性，应当引起足够的关注与重视。

1.4 国内外水体、沉积物及土壤重金属污染现状与评价

1.4.1 水体重金属污染状况

水体重金属污染是水体污染的一个重要方面。我国 20 世纪 80 年代初的调查发现在金沙江、湘江、蓟运河、锦州湾等水体均有不同程度的重金属污染。我国的巢湖湖区及其环湖河流水体中可溶态重金属元素 Cu、Ni、Zn、Pb 和 Cd 之间呈显著的正相关，具有相似的空间分布规律。这些水体中 Cr 符合地表水 I 类标准；Pb 符合地表水 I～II 类标准；Cu 和 Zn 符合地表水 I～V 类标准；Fe、V 和 Sb 均远低于标准限值；南淝河的部分点位 Ni、Cd 超标，十五里河与派河的部分点位 Mn 轻微超标。汉江是长江最大的支流，汉江中下游水体中 Fe 和 Mn 沿程波动较大，且二者变化规律基本一致。在支流竹皮河（位于湖北省钟祥市），Fe 超标 4.63 倍，Mn 超标 0.13 倍；位于湖北省汉川市的 S17 断面 Fe 元素含量超标 3.89 倍。结合历史数据对汉江中下游重金属含量水平进行分析，发现汉江中下游水体重金属含量总体呈上升趋势。

深圳市茅洲河是珠三角黑臭河流的典型代表，茅洲河主流和支流的 Cu、Zn 浓度超过了《地表水环境质量标准》（GB 3838—2002）的 I 类水质标准；而综合污染指数按以下顺序排列：支流（1.22）＞主流（0.63）＞池塘（0.17）＞水库（0.14），表明主流和支流污染程度远高于池塘和水库。污水处理厂的废水排放到茅洲河主流，是 Cu 和 Zn 重金属污染的主要来源。湖北省大冶地区地表水中重金属的对数分配系数顺序为 Cu＞Pb＞Cr＞Zn＞As＞Hg＞Cd。水体重金属中 Cu、Pb、Cr、Zn 四种元素的分配系数较大，最易从水相转移到沉积物中，As、Hg、Cd 三种元素的分配系数较小，最容易进入水体，特别是 Cd 元素的分配系数小于 1，表明其迁移能力最强。

太湖是中国第三大淡水湖泊，环太湖水体总体呈中度富营养状态。内梅罗综合污染指数为 2.78±1.20，显示中度污染程度。太湖北部沿岸的竺山湾、贡湖湾和梅梁湾部分水域已处于重度污染状态。环太湖 TN 质量浓度为（2.91±0.94）mg/L，属于劣 V 类地表水；TP 质量浓度为（0.11±0.07）mg/L，属于 V 类地表水；总

Hg 质量浓度为（0.34±0.17）μg/L，属于Ⅳ类地表水；TP、TN 和总 Hg 单因子污染指数分别为 2.25±1.39、2.91±0.94 和 3.43±1.71，显示较严重的污染状态。与国外研究区域如希腊的 Doirani 湖、美国的 Texoma 湖、匈牙利的 Balaton 湖相比，太湖 Cu、Ni 的质量浓度均大于上述区域中 Cu、Ni 的质量浓度。

贵州省的盘江为清水江支流，盘江独木河水体中 Cd、Pb 质量浓度超过了Ⅲ类水的水质标准，Mn、Fe 质量浓度也超过了集中式生活饮用水地表水水源地补充项目标准限值，仅有 Cr 质量浓度满足Ⅲ类水的水质标准。利用内梅罗污染评价法对盘江独木河水体进行重金属污染评价与生态风险评价，Pb、Mn、Cd 的重金属污染等级为重度污染，Cr 暂未达到污染水平。此外，盘江独木河水体重金属污染状况具有从上游到下游递减的空间分布特征，与河水稀释自净作用有关。

全球河流和湖泊水体中，欧洲和北美洲重金属浓度较低，非洲、亚洲和南美洲的重金属浓度较高。例如，北美洲霍夫公园湖的水体中 Pb 的平均质量浓度为 0.40 mg/L；欧洲多瑙河中 Pb 的平均质量浓度为 0.80 mg/L；埃塞俄比亚的阿卡基河集水区和 Aba Samuel 水库中 Cr、Fe、Mn、Ni 的检测值分别为 0.101 mg/mL、1.47 mg/mL、1.06 mg/mL、0.06 mg/mL，均超过规定的极限值。此外，质量浓度大于世界卫生组织和美国国家环境保护局（USEPA）标准阈值的重金属数量在五大洲之间有所不同：北美洲 2 个，欧洲 6 个，南美洲 7 个，亚洲 9 个，非洲 10 个。这些结果表明，重金属污染可能在南美洲、亚洲和非洲构成较大的公共卫生风险，需要人们密切关注。

1.4.2　沉积物重金属污染状况

我国于 20 世纪 50—60 年代逐渐开展了水系沉积物的研究。我国的水系沉积物研究主要集中在河口及长江、黄河、珠江等大河流域。太湖流域内水样沉积物中的多种重金属含量分析和地累积指数评价的结果显示，整体上 Zn、Cd、Ni、Cu、Pb 处于中度污染状态，As、Cr 处于低污染状态；根据潜在生态风险评价的结果，Hg 和 Cd 处于中等潜在生态风险水平，其他剩余的重金属处于较低的潜在生态风险水平。黄河水系沉积物中 Cu、Zn、Cr 和 As 由于在环境中具有较稳定的赋存形态，具有较低的生态风险，而 Pb、Cd 和 Hg 具有相对较高的生态风险指数，尤其是 Pb 的潜在风险应该引起重视。许振成等对北江中上游底泥重金属污染物的分析和评价显示，北江中上游污染严重，各种重金属的污染程度由强至弱依次为 Cd≥Hg＞Zn＞As＞Pb≈Cu＞Ni＞Cr；重金属污染物对北江中上游构成的潜在生态风险由强至弱依次为 Cd≥Hg＞Pb≈As＞Cu＞Zn＞Cr，其中 Cd 的影响占绝对主导地位。总体来说，我国各类湖泊河流均存在不同程度的重金属污染，且有的河流已经受到了严重污染。

目前，国内已有的工作均偏重大河及河口地区重金属污染物的时空分布和迁移转化规律方面的研究，而对大河的支流及相对小的河流重金属污染物研究很少或者研究程度较浅，有关重金属污染物在河流中时空变化、迁移转化机制及其沉积速率、沉积通量和生态效应方面的研究工作也较少。

国外对沉积物的研究工作开展较早，美国、法国、土耳其、葡萄牙、日本等国学者对沉积物进行了广泛深入的研究。Summers J K、Fernandez 等对河流沉积物污染特性进行了研究，指出沉积物是水环境中重金属的"源"和"汇"，是水环境重金属污染的指示剂；Albrecht 等测定了沉积物的沉积年代并对湖泊、河流、水库等不同水体类型沉积物的沉积特性进行了研究；Degetto S 等对湖泊的沉积物污染进行了评价，并对污染物的污染机理从动力学角度进行了研究；Wallschläger 等发现河流沉积物中有机质对 Hg 在河流—土壤系统中的地球化学行为起决定性作用，控制了 Hg 的结合态、形态转化、迁移过程；Van Derveer 等发现沉积物中 Se 的溶解迁移与沉积物有机质含量之间存在定量关系式。这些研究都说明沉积物中有机质对重金属的环境行为起着至关重要的作用。

另外，针对印度科罗曼德尔海岸的表层沉积物的研究分析表明，该区域的重金属浓度与沉积物的颗粒物尺寸和有机质紧密相关，沉积物未受到重金属 Cr 和 Ni 的污染，Co、Cu 和 Zn 呈中度污染，Cd 和 Pb 呈重度污染，且这些重金属的污染是由邻近陆域的人为输入引起的；Mohammad 等通过研究位于伊朗西北部靠近里海的戈尔干湾的重金属含量认为，所有重金属的来源与人为作用的因素呈正相关性，且根据生态风险评价的结果得出，流域内所有采样点的生态风险水平较低；越南境内红河流域表层沉积物中 Cd、Cu 和 Pb 是主要的重金属污染元素，且污染相对严重，重金属 Cr 和 V 浓度与有机质和颗粒大小有关，主要来源于自然源并且在沉积物中的细颗粒物中富集，而 Cu、Cd、Pb、Ni、Zn 在流域的上游浓度较高，可能来自人为源输入；摩洛哥东北部港口城市纳祖尔的一处咸水湖中的沉积物重金属含量远高于本市背景值水平，且湖中的重金属污染物主要来自城市的废水排放，该地的湖泊受到了严重污染。这些研究说明人为因素是重金属污染不可忽略的重要因素。

1.4.3　土壤重金属污染状况

目前我国多地已经开展土壤重金属污染调查研究。刘兵昌等以兰州市永登县农用地土壤为研究对象，采用多因子综合评价法和内梅罗污染指数评价法对大通河川带、民乐-武胜驿低山丘陵带、秦王川盆地、庄浪河中游河谷带和庄浪河下游河谷带 5 个区域的表层土壤中 8 种重金属进行土壤污染风险评价。结果表明，研究区整体污染（危害）程度低、清洁程度高，庄浪河谷中下游带个别点位达到尚清洁警戒限污染级别，其中土壤中 As、Cd 等污染物含量相对较高，出现了不同程度的累积。主成分综合评价分析结果显示，研究区内重金属 Cd-Pb、Cr-Ni、Cu-Zn 之间具有较强的相关性，这能在一定程度上反映上述重金属污染物的同源性和差异性。

鄱阳湖及其流域的土壤重金属污染已经引起广泛关注。鄱阳湖平原农田土壤中 Hg、As、Pb、Cd、Cu、Cr、Zn 的平均含量超过区域背景值，Cr、Cu、Cd 累积富集严重，鄱阳湖区土壤重金属污染较轻，其周围县（市、区）污染较严重，部分农田土壤的重金属污染已威胁到农作物的产量和质量。鄱阳湖边缘典型农田土壤中 Pb、Zn、As、Cr 和 Cu 的重金属质量分数样品超标率为 17%～58%，Cu 的质量分数为背景值的 1.34 倍，各重金属含量的空间变异较小，Pb、Zn、As、Cr 和 Cu 具有不同的源属性。Pb 和 Cr 污染程度为警戒，Cu、Zn 和 As 为轻度污染，区域土壤环境质量综合评价为轻度污染，潜在生态风险等级为轻微危害，需要关注重金属对土壤环境质量的影响。

成都市位于四川盆地西部，是中国西南地区重要的经济中心和工业基地，其城市土壤重金属污染问题也日益严重。与国内外其他城市相比，成都市土壤中 Hg 含量较高，Cr、Cu、Zn 含量处于中等水平，Cd、As、Pb 含量水平相对较低。成都市某热电厂表层土中的重金属含量明显高于深层土中的重金属含量，说明热电厂周围表层土壤存在重金属污染，且土壤中 Pb、Zn 元素含量明显受工业活动影响，含量高于郊区土壤。对四川省石亭江工业区的表层土壤样品进行研究发现，研究区土壤中 Cd、Hg、As、Cu、Zn 主要受人类活动控制；重金属的空间分布与局部人为活动密切相关，相比于其他土地利用方式，工业用地中的重金属浓度相对较高。成都市龙潭工业园、锦江工业园、蛟龙工业港、古柏（金牛）工业区表层土壤中的 V、Cr、Mn、Ni、Cd 的平均浓度基本都高于四川省背景值。由此可见，研究区表层土壤重金属污染程度总体上为中等污染，特别是龙潭工业园受人为活动影响更大，土壤重金属污染更严重；其中，Mn、Ni、Cd 的富集程度更为明显，在龙潭工业园 Mn 是主要污染元素，在锦江工业园 Cd 是主要污染元素。

针对乌鲁木齐市重点区域及周边表层土壤的研究表明，不同类型土壤中重金属含量差异较大，重金属总平均含量顺序为 Zn＞Cr＞Ni＞Cu＞Pb＞As＞Cd＞Hg，除 As 和 Cr 元素以外，其余元素总平均含量超过新疆土壤元素背景值，其中 Cd 和 Hg 的含量分别为背景值的 2.8 倍、2.3 倍。Hg 和 Cd 应成为乌鲁木齐市重点区域及周边表层土壤质量评价中重点关注的重金属。

天津市作为传统的老工业城市，其城市土壤污染的主要来源为城市降尘，即大气颗粒物的自然沉降对土壤重金属污染的输入具有直接贡献。对天津市中心城区部分公园绿地、居住绿地、道路绿地与特殊绿地 4 种土壤利用类型中的重金属 Pb、Cd、Hg、As、Cr 含量以及土壤 pH 进行了测定分析。结果表明，天津市中心城区绿地整体土壤质量良好，符合土壤质量筛选值标准；而鉴于不同的地域土壤特性，与天津市土壤背景值对比发现，Hg、Cd、Pb 的含量均超过土壤背景值。土壤污染评价结果表明，西沽公园为重度污染，且具有强生态风险。

大宝山矿区为硫化物多金属矿床，主要由黄铜矿、褐铁矿和铅锌矿组成。自 20 世纪 70 年代开始矿业活动，矿山开采、选矿产生的尾砂和废水，沿河谷排入两个大型尾矿库（铁龙尾和槽对坑尾矿库）。针对上坝村附近农田的采样分析发现，该农田长期使用横石河作为灌溉水源。上坝村农田土壤大部分重金属含量（Cu、Cd、Pb、As）都超过了农用地土壤污染筛选值，且部分点位超过 Cd 的管控值，因此该区域的农作物生长环境及生态环境可能存在风险，对 Cd 的超标污染应当采取严格管控措施。

以湖北省内重点区域及周边表层土壤为研究对象，范俊楠等对区域内集中式饮用水水源地、基本农田、果蔬菜种植基地等 9 种不同类型的 329 个重点区域及周边表层土壤重金属含量开展监测。结果表明，9 类不同重点区域及周边土壤环境质量整体良好，未受重金属污染的土壤监测点位占比为 68.2%～92.6%；污染企业周边、油田采矿区周边、固体废物处置场地周边、工业遗留遗弃场地及周边 4 类重点区域受重金属污染相对较严重,影响其土壤环境质量的重金属主要是 Cd、As、Cu、Pb。

国外也开展了相应的土壤重金属污染研究。Kibassa 等研究了坦桑尼亚达累斯萨拉姆地区的农业土壤的重金属含量，其中 Zn、Pb、Cr、Cd 和 Cu 的平均质量浓度分别为 33.18 mg/kg、14.32 mg/kg、7.68 mg/kg、0.22 mg/kg 和 5.62 mg/kg。Machiwa 等报道了维多利亚湖盆地的水稻土中，Cd、Hg、Pb、Cr、Zn 和 Cu 的平均含量分别为 8.70 mg/kg、19.99 mg/kg、19.38 mg/kg、20.98 mg/kg、65.46 mg/kg 和 14.58 mg/kg。尼罗河三角洲西南部的奎斯纳区在 2010—2017 年农业用地大幅减少，其主要郊区的农业土壤经历了不同程度的重金属污染。重金属的浓度趋势为 Zn＞Cr＞Pb＞Cu＞Ni＞Co。重金属浓度的空间和垂直分布受到土壤中黏土、有机质含量和清除剂金属（Fe 和 Mn）等性质的影响。由于密集的城市化、工业活动和农业实践，各地受到人为重金属污染日益严重，需要进一步增加重金属污染状况调查以提供积极的预防措施。

2 乐安河流域概况

2.1 地理位置

乐安河，长江流域鄱阳湖支流饶河的上游干流。正源段莘水发源于婺源县北部大庾山、五龙山南麓，南流经段莘水库至武口与古坦水汇合始名乐安河。主河南流过紫阳镇，至德兴市银港口转西南，沿婺源县、德兴市边界西流，经香屯、乐平市、石镇至鄱阳县乐安村与信江东支汇合折向西北，至鄱阳镇姚公渡与昌江汇合成饶河。乐安河全长 279 km，流域面积为 8 989 km²。

2.2 自然环境概况

2.2.1 水文情况

乐安河发源于皖赣边界五龙山西侧，至鄱阳县姚公渡以上集水面积为 8 945 km²，河长 280 km。自东北向西南流，至婺源县城，水浅流急，且多暗礁。过婺源县城至小港，左岸纳入西坑水。

从婺源县城至太白镇河长为 38 km，河宽 100 m 以下，仍属水浅流急的山溪性河流。小港以下水量渐丰，两岸多丘陵。德兴市香屯以上平均坡降约 0.79‰，香屯至乐平县城 60 km，平均坡降约 0.23‰；乐平以下进入平原圩区，河宽增至 200 m 左右，可通木船及小轮船。乐平县城以下，河道弯曲多汊道，有数处形成河套。石梓埠原有水道通万年河，水流顺逆不定，现已堵塞。至蔡家湾于左岸乐安村有信江东大河注入，再向西北流，至白溪口与湖汊白溪相通。又北去至角山分为两支：一支西去，入鄱阳湖；另一支北流至姚公渡与昌江汇合。

乐安河多年平均径流量为 1.75 亿 m^3。水能理论蕴藏量近纽万千瓦，流域内已建成小水电站总装机容量 4.3 万 $kW·h$。石镇以下航道，枯水期水深 0.9～1 m，常年可通航 30～50 t 船只。主要支流有激溪水、赋春水、洎水、长乐水、建节水、珠溪等。

2.2.2 气候条件

乐安河属中低纬度亚热带湿润季风区，气候温暖，雨量充沛，光照充足，四季分明。四季特征是春秋短、冬夏长，夏季高温多雨，冬季低温少雨。历年平均气温是 18.1℃，年极端最高气温为 40℃，极端最低气温为 −7.8℃，年均无霜期为 279 d。全年日照数平均为 1 617.9 h，年平均蒸发量为 1 373.7 mm，年平均降水量为 1 981.7 mm，年平均相对空气湿度为 80%。德兴市干雨季分明，历年平均降水量为 1 984.9 mm，雨量主要分布是 3—7 月，另外雨季（4 月、5 月、6 月）的降水量占年降水量的 47%。全年主导风向南东南（SSE），历年平均风速为 1.2 m/s。

2.2.3 地形地貌

乐安河德兴段地处大地构造一级构造单元扬子江地台中，地质构造复杂，地层发育较全，出露良好。以万村至中村一线为界，以北属江南台隆构造，以南属下扬子至钱塘台坳构造，主要构造线方向为北东向，凡褶皱构造和断裂构造均显示这一展布特征。境内地层分布：中元古界和晚元古界以及早古生界地层出露面积较大，其余为局部分布和零星出露。

流域内群山连绵，峰峦重叠，岗陵起伏延展，怀玉山支脉从东部入境，纵贯中部向西南延伸，形成东、南两侧高峻，西北逐渐低平向内倾斜地形。最高点是东部的三清山的玉京峰，海拔为 1 819.9 m，最低点为西北部的香屯街道附近，海拔仅为 32 m。境内山地相对高度为 200～400 m，一般坡度为 25°～35°。按地貌形态结合地质构造特征，全市可分为侵蚀构造中低山区、侵蚀剥蚀构造丘陵区、剥蚀堆积低丘陵岗区、溶蚀峰丛洼地丘陵区、侵蚀堆积河谷平原区 5 个地貌区。

2.2.4　自然资源

（1）土地资源

德兴市素有"八山半水一分田，半分道路和庄园"之称，全市人均耕地面积 0.62 亩（1 亩≈667 m²），农村人均占有耕地面积 0.128 hm²。

德兴市内土壤主要有红壤、黄壤、黄棕壤、水稻土、潮土、石灰土、紫色土、山地草甸土和紫褐土 9 类。红壤是市内低山和丘陵地区面积最大的一类地带性土壤，面积达 254.7 万亩，占土地总面积的 83.1%。水稻土是市内最主要的耕作土壤，广泛分布在河谷平畈和丘陵沟谷地区，面积为 30.10 万亩，约占土地总面积的 9.82%。黄壤主要分布于海拔为 700～1 200 m 的山地，面积 13 万亩，约占土地总面积的 4.24%。潮土主要分布在市内主要河流及其支流河漫滩上，面积约为 1.8 万亩。紫褐土、石灰土、黄棕壤、山地草甸土等类型土壤面积均不大。

（2）矿产资源

德兴市矿产资源丰富，素有"铜都""银城""金山"之美誉，拥有全国最大的铜矿，市内的德兴铜矿是世界五大斑岩铜矿之一。截至 2006 年，德兴市内现已探明的铜金属储量达 910 万 t，黄金金属储量达 580 t，银金属储量达 6 243 t，蛇纹岩储量达 5 亿 t，钼矿储量达 26.42 万 t，硫铁矿储量达 704.1 万 t，硫储量达 3 050.4 万 t。此外，具有区位经济优势的矿产还有铅、锌、优质石灰岩、萤石、五氧化二钒等矿藏。

（3）林业资源

德兴市是江西省重点林业县（市、区）之一，全市林业用地总面积为 160 536.6 hm²，占土地总面积的 77.19%。在林业用地面积中，有林地面积 144 865.8 hm²，占 70.89%；疏林地面积 1 074.9 hm²，占 0.53%；灌木林地面积 11 348 hm²，占 5.55%；未成林造林地面积 4 994.4 hm²，占 2.44%；苗圃地面积 7.2 hm²；无立木林地面积 521.9 hm²，占 0.25%；宜林地面积 601.8 hm²，占 0.29%。全市森林覆盖率为 76.2%，林木绿化率为 77.3%；活立木总蓄积为 9 719 123 m³，毛竹有 30 815 520 株。

（4）生物资源

德兴市生物资源丰富，其中不乏珍稀动、植物。野生动物有 300 余种，包括哺乳类、鸟类、两栖类、爬行类、鱼类、软体动物、浮游动物等，物种较为丰富。珍稀动物有豹、麂、猕猴、黑熊、斑羚（青羊）、白鹇、长尾雉、棘胸蛙（石鸡）、大鲵（娃娃鱼）、鹰嘴龟等。野生植物主要建群种类有壳斗科、松科、杉科、山茶科、大戟科、樟科、杨柳科、杜英科、冬青科、木兰科、禾本科、杜鹃科、安息香科等。德兴市内有些树种稀少但十分珍贵，如华东黄杉，为松科常绿乔木，属国家二类保护树种。

（5）旅游资源

德兴市群山环抱，绿树成荫，山水风光秀丽，旅游资源十分丰富，自然景观主要以"山、水、古树"为主，主要景区有三清山、大茅山风景名胜区、凤凰湖风景区、海口千年古樟树及方坑原始自然森林；人文景观以古建筑为主体，有三清宫、龙虎殿、永吴祠遗址等，古塔有飞仙台、西华台；红色旅游景点有方志敏革命烈士纪念馆、天门山革命纪念塔等；矿业旅游景点有古银矿遗址、古铜矿遗址、金山金矿等。

2.2.5　社会经济发展概况

2017 年，德兴市实现生产总值 144.11 亿元，按可比价比上年增长 8.1%。其中第一产业增加值 17.48 亿元，增长 4.0%；第二产业增加值 58.92 亿元，增长 7.5%；第三产业增加值 67.71 亿元，增长 9.3%。财政总收入为 36.02 亿元，增长 5.0%。规模以上固定资产投资为 167 亿元，增长 12.1%。社会消费品零售总额为 55.56 亿元，增长 13.1%。外贸出口为 2.12 亿美元，增长 60.1%。规模以上工业增加值 38.58 亿元，增长 8.8%。

2017 年，德兴市人均生产总值 47 772 元，比上年增长 7.56%；三次产业比例结构为 12.1∶40.9∶47.0。财政总收入占生产总值的比重为 25.0%，比上年减少 2.12 个百分点。按年平均常住人口计算，全市人均财政总收入 11 940 元，比上年增长 4.47%，居上饶市第 1 位。德兴市实现全部工业增加值 43.19 亿元，比上年增长 9.7%。城镇居民人均可支配收入为 31 464 元，比上年增长 9.42%，农村居民人均可支配收入为 14 089 元，比上年增长 9.44%。在 2017 年全国县域经济 300 强排名中，德兴市列全国第 213 位、全省第 8 位，为上饶市唯一入选县（市、区），县域经济综合实力跻身江西省第一方阵。

2.2.6 土地利用现状

根据目前收集的资料，以德兴市 2014 年土地利用变更调查数据为基础，全市土地总面积为 207 977.43 hm^2，其中，农用地面积为 188 611.28 hm^2，占土地总面积的 90.69%；建设用地面积为 12 604.15 hm^2，占土地总面积的 6.06%；其他土地面积为 6 762.00 hm^2，占土地总面积的 3.25%。

农用地。耕地面积为 20 414.11 hm^2，占土地总面积的 9.82%；园地面积为 2 937.54 hm^2，占土地总面积的 1.41%；林地面积为 159 473.40 hm^2，占土地总面积的 76.68%；其他农用地面积为 5 786.23 hm^2，占土地总面积的 2.78%。

建设用地。城乡建设用地面积为 10 453.27 hm^2，占土地总面积的 5.03%。其中城镇用地面积为 1 465.98 hm^2，占土地总面积的 0.70%；农村居民点面积为 3 969.93 hm^2，占土地总面积的 1.91%；采矿用地面积为 5 017.36 hm^2，占土地总面积的 2.41%；交通水利用地面积为 2 070.19 hm^2，占土地总面积的 1.00%；其他建设用地面积为 80.69 hm^2，占土地总面积的 0.04%。

其他土地。水域面积为 3 260.25 hm^2，占土地总面积的 1.57%；自然保留地面积为 3 501.75 hm^2，占土地总面积的 1.68%。

3 流域重金属污染调查及评价方法

3.1 地表水重金属污染调查及评价方法

3.1.1 调查方法

3.1.1.1 采样点布设原则

对于流域监测点，一般河水水深不超过 3 m 时，可于距水表面 0.5 m 处采样，如果水深为 3～10 m，即可在距水表面和河底 0.5 m 处各采水样 1 个；当河水深度超过 10 m 时，可在距水表面、河中间水深处和距河底 0.5 m 处各采水样 1 个。

3.1.1.2 采样前的准备

（1）采样容器的清洗

采样前需对采样容器进行彻底清洗，减少污染。选择的清洗剂可根据待测组分确定，并在清洗后用蒸馏水冲洗干净。测定硫酸盐或铬的容器不能使用铬酸-硫酸类清洗剂；测定重金属的容器通常要使用盐酸或硝酸浸泡 1～2 d 后，用蒸馏水冲洗干净。采样时，用样点水样至少润洗采样器 3 次，然后进行采集。

（2）采样容器类型的选择

采样容器应根据待测组分确定。分析地表水中微量化学组分时，选取的容器应不对水样引起新的干扰和污染。玻璃容器在储存水样时会溶解出钠、钙等元素，在测定这些项目时应避免使用。玻璃容器易吸附金属，聚乙烯等塑料容器易吸附有机物质，在测定这些项目时应避免使用；在测定氟时，由于玻璃和氟化物发生反应，应避免使用。为降低光敏作用对水样的影响，可选择深色容器。

3.1.1.3　样品取样体积

对于河流每个监测断面水样具体取样体积见表 3-1。

表 3-1　水质常规检验指标的取样体积

指标分类	容器材质	保存方法	取样体积/L	备注
一般性理化指标	聚乙烯	冷藏	3～5	
挥发性酚与氰化物	玻璃	氢氧化钠，pH≥12	0.5～1	
金属	聚乙烯	硝酸，pH≤2	0.5～1	
汞	聚乙烯	硝酸（1+9，含重铬酸钾 50 g/L）至 pH≤2	0.2	冷原子吸收
耗氧量	玻璃	每升水样加入 0.8 mL 浓硫酸，冷藏	0.2	
有机物	坡璃	冷藏	0.2	水样应充满容器至溢流并密封保存
微生物	玻璃（灭菌）	每 125 mL 水样加入 0.1 mg 硫代硫酸钠除去残留余氯	0.5	
放射性	聚乙烯		3～5	

3.1.1.4　样品的采集和运输保存

（1）采样设备的选择

在可以直接汲水的场合，可用适当的容器采样（如水桶）；在采集一定深度的水样时，可用直立式或有机玻璃采水器。

（2）采样注意事项

i）采样时不可搅动水底部的沉积物。

ii）采样时应保证采样点的位置准确。必要时使用 GPS 定位。

iii）认真填写采样记录表，字迹应端正清晰。

iv）保证采样按时、准确、安全。

v）采样结束前，应根据采样方案，核对记录和水样，如有错误和遗漏，应立即补采或重新采样。

vi）如采样现场水体很不均匀，无法采集有代表性的样品，则应详细记录不均匀的情况和实际采样情况，供使用数据者参考。

vii）测定含油类的水样，应在水面至水面下 300 mm 采集柱状水样，并单独采样，全部用于测定。采样瓶不能用采集的水样冲洗。

viii）测溶解氧等项目时的水样，必须注满容器，不留空间，并用水封口。

ix）如果水样中含沉降性固体（如泥沙等），应分离除去。分离方法为：将所采水样摇匀后倒入筒形玻璃容器，静置 30 min，将已不含沉降性固体但含有悬浮性固体的水样移入盛样容器并加入保存剂。测定总悬浮物和油类的水样除外。

x）测定水体氮时的水样，静置 30 min 后，用吸管一次或几次移取水样，吸管进水尖嘴应插至水样表层 50 mm 以下位置，再加保存剂保存。

xi）测定溶解氧、总有机碳等项目要单独采样。

（3）样品保存和运输

所有水样应在 0～4℃冷藏保存，并尽快运回实验室进行分析。在运输样品过程当中，应避免样品泄漏或容器破裂造成污染和损失。

3.1.1.5　监测项目分析方法

（1）分析测试指标

根据前期调查结果及相关资料，最终确定地表水和地下水样品分析检测指标包含 pH、温度、溶解氧（DO）、氧化还原电位（ORP）、电导率（EC）、总有机碳（TOC）、氨氮、碳酸氢根离子（HCO_3^-）、氟离子（F^-）、氯离子（Cl^-）、钙离子（Ca^{2+}）、镁离子（Mg^{2+}）、钠离子（Na^+）、钾离子（K^+）、硫酸根离子（SO_4^{2-}）、硝酸根离子（NO_3^-）以及常见 8 种重金属元素含量［镉（Cd）、砷（As）、铅（Pb）、锌（Zn）、铜（Cu）、铬（Cr）、镍（Ni）、汞（Hg）］。

（2）样品分析方法

采用《水和废水监测分析方法（第四版）增补版》（国家环境保护总局，2002）、《生活饮用水卫生标准》（GB 5749—2006）、《地表水环境质量标准》（GB 3838—2002）指定方法进行样品分析。

3.1.2　评价方法

单因子评价法是将各评价因子的实测值与《地表水环境质量标准》的Ⅰ～Ⅴ类标准值相比较，从而确定各评价因子的水质类别，某一断面的水质状况由该断面中最劣评价因子决定。

①河流断面水质类别评价

河流断面水质类别评价在单因子评价法的基础上，根据断面水质类别，使用优、良好、轻度污染、中度污染和重度污染对地表水进行表征，其水质分级情况见表 3-2。

表 3-2　断面水质定性评价

水质类别	水质状况	表征颜色	水质功能类别
Ⅰ～Ⅱ	优	蓝色	饮用水水源地一级保护区、珍稀水生生物栖息地、鱼虾类产卵场、仔稚幼鱼索饵场等
Ⅲ	良好	绿色	饮用水水源地二级保护区、鱼虾类越冬场、洄游通道、水产养殖区等渔业水域及游泳区
Ⅳ	轻度污染	黄色	一般工业用水和人体非直接接触的娱乐用水
Ⅴ	中度污染	橙色	农业用水及一般景观要求水域
劣Ⅴ	重度污染	红色	除调节局部气候以外，使用功能较差

②河流、流域（水系）水质评价

当河流、流域（水系）的断面总数少于 5 个时，计算河流、流域（水系）所有断面各评价指标浓度算术平均值，然后按照 GB 3838—2002 中的方法评价，并指出每个断面的水质类别和水质状况。当断面总数在 5 个（含 5 个）以上时采用断面水质类别比例法，即根据评价河流、流域（水系）中各水质类别的断面数占河流、流域（水系）所有评价断面总数的百分比来评价其水质状况。河流、流域（水系）的断面总数在 5 个（含 5 个）以上时不做平均水质类别的评价。河流、流域（水系）水质类别比例与水质定性评价分级的对应关系见表 3-3。

表 3-3　河流、流域（水系）水质类别比例与水质定性评价分级

水质类别比例	水质状况	表征颜色
Ⅰ～Ⅲ类水质比例≥90%	优	蓝色
75%≤Ⅰ～Ⅲ类水质比例<90%	良好	绿色
Ⅰ～Ⅲ类水质比例<75%，且劣Ⅲ类比例<20%	轻度污染	黄色
Ⅰ～Ⅲ类水质比例<75%，且20%≤劣Ⅲ类比例<40%	中度污染	橙色
Ⅰ～Ⅲ类水质比例<60%，且劣Ⅲ类比例≥40%	重度污染	红色

③主要污染指标的确定

a）断面主要污染指标。在评价时段内，断面水质为"优"或"良好"时，不评价主要污染指标，断面水质超过目标Ⅲ类标准时，先按照不同指标对应水质类别的优劣，选择水质类别最差的前三项指标作为主要污染指标。当不同指标对应的水质类别相同时计算超标倍数，将超标指标按其超标倍数大小排列，取超标倍数最大的前三项为主要污染指标。当氰化物或铅、铬等重金属超标时，优先作为主要污染指标。确定了主要污染指标的同时，应在指标后标注该指标浓度超过Ⅲ类水质标准的倍数，即超标倍数。对于水温、pH 和溶解氧等项目不计算超标倍数。

b）河流、流域（水系）主要污染指标。将水质超过Ⅲ类标准的指标按其断面超标率大小排列，一般取断面超标率最大的前三项为主要污染指标。对于断面数少于 5 个的河流、流域（水系），按上述断面主要污染指标确定方法（"断面主要污染指标"）确定每个断面的主要污染指标。

3.2 沉积物重金属污染调查及评价方法

3.2.1 调查方法

3.2.1.1 采样点布设原则

采样点布设采用长方形的空间网格法，将整个区域均匀划分为单元面积为 8 km² 的网格，在每一个包含河流的网格内设置 1 个采样点，一般每条河流至少上游、中游、下游各设有 1 个采样点。除了空间网格法采样，为研究较小尺度上水生生物的空间变化特征，根据实际需要，还在部分支流自源头起以 2 km 为间隔进行加密采样。

根据《水环境监测规范》（SL 219—98），采样点的确定原则主要有以下三点：河流或水系背景断面可设置在上游接近河流源头处，或未受人类活动明显影响的河段；有支流汇入时，应在汇合点支流上游处，以及充分混合后的干流下游处布设采样断面；河流出入行政区界处应布设采样断面。另外，采样点的设定还遵循以下原则。

①参考点位和受损点位兼顾。参考点位和受损点位均是建立生态完整性评价标准的基础，所以兼顾参考点位和受损点位，参考点位包括无干扰点位和干扰较小点位，要求具有相似的群落结构、优势种和物种丰富度、栖息地条件。

②空间代表性原则。选择点位时要有空间代表性，点位最好分布在不同区域具有不同特点的河流上，要兼顾流域内多数河流。

③生态分区代表性原则。监测断面布设要兼顾不同的生态分区类型，主要生态分区都要设有点位。

④经济性原则。断面布设要用最少的断面和人力、物力，获得最大效益，同时尽量设在交通方便、采样安全的地段，以保证人身安全和样品的及时运输。

⑤尽可能选择例行监测断面和水域，并进行历史变化分析。

3.2.1.2　样品的采集

水中沉积物采集的方法主要有两种：一种是直接挖掘的方法，该方法适用于大量样品的采集，但是采集的样品极易相互混淆，当挖掘机打开时，一些不黏的泥土组分容易流走；另一种是用一种类似于岩芯提取器的采集装置，采样量较大而样品不相互混淆，这种装置采集的样品，也可以反映沉积物不同深度层面的情况。使用金属装置，需要内衬塑料内套以防止金属沾污。当沉积物不是非常坚硬而难以挖掘时，甲基丙烯酸甲酯有机玻璃材料可用来制作提取装置。这种装置外形是圆筒状的，高约 50 cm，直径约为 5 cm，底部略微倾斜，便于在水底插进泥土或使用锤子敲进泥土。取样时底部采用聚乙烯盖子封住。对于深水采样，需要能在船上操作的机动提取装置。倒出来的沉积物，可以分层装入聚乙烯瓶中贮存。在某些元素的形态分析中，样品的分装最好在充有惰性气体的胶布套箱内完成，以避免一些组分氧化或引起形态分布的变化。

3.2.1.3　检测项目分析方法

（1）pH 和 EC

水土按 5∶1 的比例称取 2 g 沉积物样品于 15 mL 离心管中，加入 10 mL 超纯水（去 CO_2），在振荡仪中振荡 30 min 后静置 24 h。样品经离心后分别采用 DDSJ-308A 电导率仪和酸度计分别测定上清液的 EC 和 pH。

（2）粒径

①称取约 0.25 g 研磨过 20 目尼龙筛网的沉积物和土壤样品放于烧杯中，加入

10 mL 质量分数为 10%的 H_2O_2 溶液，经充分反应后除去样品中的有机质，静置 24 h。

②用针筒将上清液抽出，再加入 10 mL 质量分数为 10%的 HCl 溶液，经充分反应后除去样品中的碳酸盐，静置 24 h。

③用针筒将上清液抽出，加入纯水将样品调至中性后静置，再次抽出上清液。在烧杯中加入 10 mL 浓度为 0.05 mol/L 的六偏磷酸钠作为分散剂，摇匀后使用激光粒度仪（Malvern Mastersizer 2000）进行测定。

（3）重金属总量

①称取 0.2 g 研磨过 100 目尼龙筛网的沉积物和土样样品放于消解罐内，加入 2 mL 质量分数为 30%的 H_2O_2 溶液，并在 100℃电热板上加热至溶液没有气泡为止，去除有机质。

②分别加入 5 mL 硝酸和 5 mL 氢氟酸在 200℃条件下进行消解，直至溶液澄清且无沉淀。

③加入 2 mL 高氯酸除去氢氟酸，在电热板中将溶液蒸至 0.5 mL，用质量分数为 2%的稀硝酸定容至 10 mL。

④将溶液用 0.22 μm 滤头进行过滤，并装入 15 mL 离心管中保存。样品送至相关测试中心，采用 ICP 等离子发射光谱（ICP-AES，HR，USA）测定各重金属含量。ICP-AES 6 种重金属元素（Cu、Zn、Pb、Cd、Ni 和 Cr）的检出限分别为 0.02 mg/L、0.01 mg/L、0.05 mg/L、0.01 mg/L、0.02 mg/L 和 0.01 mg/L。

在测试过程中，每个电热板均做 1 个空白样，平行样品数不少于 10%，平行样浓度值的偏差小于 10%。

（4）重金属赋存形态

采用 Tessier 五步提取法对沉积物样品重金属进行分级提取。本实验所用器皿均在体积比为 14%的硝酸中浸泡 24 h，经高纯水冲洗烘干后使用。实验温度控制在（22±5）℃，振荡仪转速设为（30±10）r/min。受试样品质量为 1 g，实验中所有溶液均在实验当天配制。

提取所用试剂及步骤如下：

可交换态 F1：在控制温度下，加入 8 mL 1 mol/L $MgCl_2$ 溶液（pH≈7.0），振荡 1 h。高速离心（10 000 r/min，约为 12 000 g）后取上清液经过滤后保存待测。

碳酸盐结合态 F2：在上一步提取后的沉积物样品中，加入 8 mL 1 mol/L 醋酸钠（NaOAc），并用醋酸调整 pH 至 5.0。持续振荡 5 h，高速离心后取上清液过滤后保存待测。

铁锰水合氧化物结合态 F3：取上一步提取样品，加入 20 mL 的 0.04 mol/L 盐酸羟胺溶液（NH₂OH·HCl）和体积比为 20%的醋酸混合溶液。持续振荡 6 h，高速离心后取上清液过滤后保存待测。

有机物和硫化物结合态 F4：取上一步提取样品，加入 2 mL 0.02 mol/L 硝酸和 5 mL 质量分数为 30%的 H₂O₂ 溶液，并用硝酸调整 pH 至 2.0，于 85℃连续振荡 2 h。结束后再加入 3 mL 质量分数为 30%的 H₂O₂ 溶液（pH=2.0）于 85℃间歇振荡 3 h。降温后，加入 5 mL 3.2 mol/L 醋酸铵溶液（NH₄OAc）及体积比为 20%的硝酸混合溶液，稀释至 20 mL 持续振荡 0.5 h。高速离心后取上清液过滤后保存待测。

残渣态 F5：取上一步提取样品采用氢氟酸-高氯酸体系消解获得残渣态。

其中可交换态 F1、碳酸盐结合态 F2、铁锰氧化物结合态 F3 和有机物结合态 F4 合称为重金属的生物有效态。

3.2.2　评价方法

（1）地质累积指数法

地质累积指数法是研究水体沉积物中重金属污染的一种定量指标，被广泛应用于研究现代沉积物中重金属污染评价。在污染评价过程中，除了考虑人为污染因素、环境地球化学背景值，还考虑了由于自然成岩作用可能会引起背景值变动的因素，弥补了其他方法的不足。其计算公式为

$$I_{geo} = \log_2\left(\frac{C_i}{k \times B_i}\right) \tag{3-1}$$

式中：I_{geo}——地质累积指数；

C_i——元素 i 在沉积物中的质量分数，mg/kg；

B_i——沉积物中该元素的背景值，mg/kg；

k——背景值变动系数（一般为 1.5）。

地质累积指数表示的污染程度共分 7 级，其值与污染程度之间的关系见表 3-4。

表3-4　地质累积指数与污染程度之间的关系

污染程度	无	轻度	偏中度	中度	偏重	重	严重
级别	0	1	2	3	4	5	6
I_{geo}	<0	0~1	1~2	2~3	3~4	4~5	>5

（2）综合污染指数法

该方法包含三个步骤：

①单因子评级。单因子评级依据质量分指数模式进行，计算公式为

$$P_i = \frac{C_i}{S_i} \tag{3-2}$$

式中：P_i —— i 污染因子的质量分指数；

C_i —— i 污染因子的实测质量分数，mg/kg；

S_i —— i 污染因子的评价标准，一般选用国家标准，mg/kg。

②多因子评价。多因子评价采用加权评价模式，即把各污染因子的质量分指数乘以各因子的权重值，再综合成沉积物的环境质量总指数，然后进行评价。其计算公式为

$$I_{soj} = \sum_{i=1}^{n} W_i P_i \tag{3-3}$$

式中：I_{soj} —— 底质的环境质量总指数；

W_i —— i 污染因子的权重值，$\sum W_i = 1$；

P_i —— i 污染因子的质量分指数。

③权重值计算。权重值代表各个污染因子对环境质量影响程度的比重分配。权重值可以根据污染因子的环境可容纳量来确定，其计算公式为

$$W_i = \frac{1/K_i}{\sum \dfrac{1}{K_i}} \tag{3-4}$$

式中，K_i 为 i 污染因子的环境可容纳量，可由评价标准（S_i）和背景值（C_{0i}）确定，计算公式为

$$K_i = \frac{S_i - C_{0i}}{C_{0i}} \qquad (3\text{-}5)$$

综合污染指数法的评价分级标准如表 3-5 所示。

表 3-5　底质环境质量分级标准

综合污染指数	<0.5	0.5~1	1~1.5	1.5~2	>2
底质环境质量分级	清洁	有影响	轻污染	污染	重污染

（3）内梅罗综合污染指数法

内梅罗综合污染指数法也是一种多因子综合评价方法，其公式为

$$P = \sqrt{\frac{P_{i\max}^2 + P_{i\text{ave}}^2}{2}} \qquad (3\text{-}6)$$

式中：P——综合污染指数；

　　　$P_{i\max}$——沉积物重金属元素中污染指数最大值；

　　　$P_{i\text{ave}}$——沉积物污染系数的平均值。

式（3-2）中单因子污染指数 P_i 的计算公式如下：

$$P_i = \frac{\rho_i}{S_i} \qquad (3\text{-}7)$$

式中：ρ_i——沉积物中 i 污染物的实测质量分数值，mg/kg；

　　　S_i——沉积物中 i 污染物的评价标准，mg/kg。

当某种污染因子的污染指数大于 1 时，说明该污染因子的重金属含量超标。内梅罗综合污染指数和沉积物重金属污染程度的关系如表 3-6 所示。

表 3-6　内梅罗综合污染指数和沉积物重金属污染程度分级标准

内梅罗综合污染指数	污染等级	污染程度
$P<1$	Ⅰ	无
$1 \leqslant P < 2.5$	Ⅱ	轻
$2.5 \leqslant P < 7$	Ⅲ	中
$P \geqslant 7$	Ⅳ	重

（4）污染负荷指数法

污染负荷指数法是 Tomlinson 等在从事重金属污染水平的分级研究中提出来的一种评价方法。该方法由评价区域所包含的多种重金属成分共同构成，能直观地反映各个重金属对污染的贡献程度，以及重金属在时间上、空间上的变化趋势，引用比较方便，公式如下：

首先根据某一点的实测重金属含量，进行最高污染系数（F_i）的计算：

$$F_i = \frac{C_i}{C_{0i}} \tag{3-8}$$

式中：F_i —— 元素 i 的最高污染系数；

C_i —— 元素 i 的实测含量，mg/kg；

C_{0i} —— 元素 i 的评价标准，即背景值，一般选用全球页岩平均值作为重金属的评价标准。

某一点的污染负荷指数（I_{PL}）为

$$I_{PL} = \sqrt[n]{F_1 \times F_2 \times F_3 \cdots F_n} \tag{3-9}$$

式中：I_{PL} —— 某一点的污染负荷指数；

n —— 评价元素的个数，个。

某一区域（流域）的污染负荷指数（I_{PLzone}）为

$$I_{PLzone} = \sqrt[n]{I_{n_1} \times I_{n_2} \times I_{n_3} \cdots I_{n_n}} \tag{3-10}$$

式中：I_{PLzone} —— 流域污染负荷指数；

n —— 评价点的个数（即采样点的个数），个。

污染负荷指数与污染程度之间的关系见表 3-7。

表 3-7　污染负荷指数与污染程度之间的关系

I_{PL}	<1	1~2	2~3	>3
污染等级	0	1	2	3
污染程度	无污染	中等污染	强污染	极强污染

3.2.3 沉积物重金属污染风险评价

潜在生态危害指数法是瑞典学者 Hakanson 于 1980 年提出的一套应用沉积学原理评价重金属污染和生态危害的方法。从环境学意义而言，重金属污染主要表现在人体健康、生物生长等方面，而不同重金属特性各异（表 3-8）。潜在生态危害指数法引入重金属的毒性响应系数，更具实际意义。其公式如下：

$$C_f^i = \frac{C^i}{C_i} \tag{3-11}$$

$$E_r^i = T_r^i \times C_f^i \tag{3-12}$$

$$E_{R1} = \sum_i^m E_r^i \tag{3-13}$$

式中：C_f^i——重金属 i 的污染系数；

C^i——重金属 i 的实测质量分数，mg/kg；

C_i——重金属 i 的背景值，mg/kg；

E_r^i——重金属 i 的潜在生态危害系数；

T_r^i——重金属 i 的毒性响应系数；

E_{R1}——多种重金属的潜在生态危害系数。

表 3-8　重金属污染评价指标及其与污染程度和潜在生态风险程度的关系

C_f^i	单因子污染物污染程度	E_r^i	单因子污染物生态危害程度	E_{R1}	总的潜在生态风险程度
<1	低	<40	低	<150	低
1~3	中等	40~80	中	150~300	中等
3~6	重	80~160	较重	300~600	重
>6	严重	160~320	重	>600	严重
		>320	严重		

3.3 水生生物污染调查及评价方法

3.3.1 水生生物污染调查方法

3.3.1.1 采样点布设原则

水生生物监测断面的布设，应在对所监测区的自然环境和社会环境进行调查研究的基础上根据不同的监测目的，采用以下原则进行布设。

（1）断面布设要有代表性。根据调查计划方案的目的要求，选择具有代表性的水域布设断面，以获得所需要的代表性样品。

（2）与水化学监测断面布设的一致性。水生生物指标是评价水体水质和生态状况的重要参数，只有与水化学监测指标结合一起分析，才能更全面地评价水环境质量及生态状况。

（3）断面布设考虑整体性。水生生物监测断面布设要从一条河流、一个湖泊的环境总体考虑，以获得反映一个水体的宏观总体数据。

3.3.1.2 样品的采集与分析

大型底栖动物使用索伯网（采样面积 $0.09\ m^2$，网径 $0.25\ mm$）和 $1/16\ m^2$ 彼得逊采泥器作为采样工具（图 3-1）。每个调查样点随机选定 $100\ m$ 河段作为采样区，对于可涉水河段，选择 3 个不同生境类型采样断面，使用索伯网进行采集；对于不可涉水河段，使用采泥器进行采集，每个采样点采集 3 次混合成一个样品（图 3-2）。

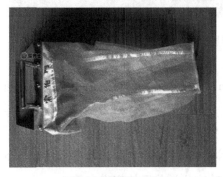

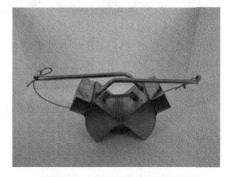

a 可涉水河流采样-索伯网   b 不可涉水河流采样-彼得逊采泥器

图 3-1 乐安河大型底栖动物采样工具

图 3-2 乐安河大型底栖动物调查工作现场

　　每个采样点采集的样品经 40 目（25 mm）筛网现场筛洗，剩余物置于白色搪瓷盘中，将所有大型底栖动物逐一挑拣，并用 95%乙醇保存后带回实验室，在解剖镜和显微镜下进行鉴定，所有样品都鉴定至尽可能低的分类单元。

　　每个采样点所采集到的大型底栖动物按不同种类准确地统计数量，根据每个采样点的采样面积，最终计算每个大型底栖动物分类单元的密度。

3.3.2 水生生物多样性评价方法

3.3.2.1 大型底栖动物多样性指数计算

为了解乐安河大型底栖动物多样性情况,选取了 Shannon-Wiener 多样性指数(H')、Margalef 丰富度指数(d)、Pielou 均匀度指数(J)、Simpson 多样性指数(D)和优势度指数(Y)等生物指数。各指数的计算方法如下:

① Shannon-Wiener 多样性指数(H'):

$$H' = -\sum_{i=1}^{S} P_i \ln P_i \qquad (3\text{-}14)$$

$$P_i = \left(\frac{N_i}{N}\right) \times 100\% \qquad (3\text{-}15)$$

② Margalef 丰富度指数(d):

$$d = (S-1)/\ln N \qquad (3\text{-}16)$$

③ Pielou 均匀度指数(J):

$$J = H'/\ln S \qquad (3\text{-}17)$$

④ Simpson 多样性指数(D):

$$D = 1 - \sum_{i=1}^{S} P_i^2 \qquad (3\text{-}18)$$

⑤优势度指数(Y):

$$Y = \left(\frac{N_i}{N}\right) \times F_i \qquad (3\text{-}19)$$

式中:N_i——第 i 种大型底栖动物分类单元的个体数;

N——样点的总个体数;

P_i——第 i 种大型底栖动物分类单元的个体数占总个体数的比例;

S——样点的大型底栖动物总分类单元数;

F_i——第 i 种出现的频率。

$Y > 0.02$ 的种类为调查全年的优势种。

3.3.2.2　大型底栖动物生物水质评价

为阐明乐安河水环境质量对大型底栖动物的影响关系，使用大型底栖动物的生物指数（FBI）、BMWP 计分系统（BMWP）和 Chandler 计分制（Chandler）对乐安河水质进行评价。其中，FBI、BMWP 和 Chandler 指标的计算方法如下：

①生物指数（FBI）：

$$FBI = \sum N_i t_i / N \qquad (3\text{-}20)$$

式中：N_i —— 科 i 的个体数；

　　　t_i —— 科 i 的耐污值；

　　　N —— 总体个数。

② BMWP 计分系统（BMWP）：

$$BMWP = \sum t_i \qquad (3\text{-}21)$$

式中：t_i —— 科 i 的 BMWP 分数。

③ Chandler 记分制（Chandler）：

Chandler 记分制根据采样点出现的指示生物及其个体数量的多少，确定各指示生物应得分值，通过累加后的总分值评价水质。

FBI、BMWP 和 Chandler 指数的评价标准见表 3-9。

表 3-9　大型底栖动物多样性指数的水质评价标准

FBI		BMWP		Chandler	
标准	分级	标准	分级	标准	分级
0.00~3.75	健康	>80	健康	>700	健康
3.75~5.00	良好	51~80	良好	400~700	良好
5.00~5.75	一般	25~50	一般	200~400	一般
5.75~7.25	较差	10~24	较差	50~200	较差
7.25~10.00	极差	0~9	极差	0~50	极差

3.4 地下水重金属污染调查及评价方法

3.4.1 地下水重金属污染调查方法

3.4.1.1 采样点布设原则

①地下水监测井点采用控制性布点与功能性布点相结合的布设原则。监测井点应主要布设在建设项目场地、周围环境敏感点、地下水污染源、主要现状环境水文地质问题以及对于确定边界条件有控制意义的地点。

②监测井点的层位应以潜水和可能受建设项目影响的含水层为主。

③一般情况下，地下水水位监测点数应大于相应评价级别地下水水质监测点数的 2 倍以上。

3.4.1.2 样品采集方法和保存

（1）采样前准备

①测定地下水位。地下水水质监测通常采集瞬时水样，在采样前应先测定地下水位。

②洗井。采样洗井方式一般采取大流量离心式潜水泵洗井和微洗井两种。若监测井未经常使用，长期放置 3 个月以上，在采样前应当进行一次充分洗井。从井中采集水样，必须在充分洗井后进行，清洗地下水用量不得少于 3～5 倍的井容积，以去除细颗粒物防止堵塞监测井，并促进监测井与监测区域之间的水力连通。每次清洗过程中抽取的地下水，要进行 pH 和温度等多参数的现场测试，连续 3 次的测量值误差需小于 10%。充分洗井后须让监测井中水体稳定 24 h 以后再进行常规地下水样品采样。

若监测井使用频繁，每次采样时间间隔不超过 1 周，在样品采集前只需进行简单的洗井或微洗井，待水质参数稳定后即可进行样品采集。

（2）样品采集顺序及保存方法

样品采集一般按照挥发性有机物、半挥发性有机物、稳定有机物及微生物样品、重金属和普通无机物的顺序采集，样品采集时应控制出水口流量低于 1 L/min，采集 VOCs 及样品时，出水口流量宜低于 0.1 L/min，半挥发性宜低于 0.2 L/min。

依据不同的采样场地类型，确定过滤方式，若水样浑浊度低于10NTU时，水样均不需过滤。对于饮用水水源地不计取采样和测定溶解性金属离子项目，样品装瓶前应用0.45 μm厚的PE膜过滤；对于污染场地采样和测定总金属离子项目，样品装瓶前不需要过滤，可静置后取上清液。

样品采集后，立即将水样容器瓶盖紧、密封，贴好标签。

3.4.1.3　样品分析

原则上能在现场测定的项目，均应在现场测定。现场监测项目一般包括水位、水温、pH、电导率、浑浊度、色、嗅和味、肉眼可见物等指标。其他指标参照地表水监测方法进行分析。

3.4.2　评价方法

地下水质量评价以地下水水质调查分析资料或水质监测资料为基础，可分为单项组分评价和综合评价两种。

（1）单项组分评价

按照《地下水质量标准》（GB/T 14848—2017）所列分类指标，划分为五类，代号与类别代号相同，不同类别标准值相同时，从优不从劣。例如，挥发性酚类Ⅰ类、Ⅱ类标准值均为0.001 mg/L，若水质分析结果为0.001 mg/L时，应定为Ⅰ类，不定为Ⅱ类。

（2）综合评价

综合评价采用加附注的评分法。具体要求与步骤如下：首先进行各单项组分评价，划分组分所属质量类别。对各类别按下列规定（表3-10）分别确定单项组分评价分值（F_i）。

表 3-10　地下水单项组分评价分值

类别	Ⅰ	Ⅱ	Ⅲ	Ⅳ	Ⅴ
F_i	0	1	3	6	10

按式（3-22）和式（3-23）计算综合评价分值（F）。

$$F = \sqrt{\frac{\overline{F}^2 + F_{max}^2}{2}}$$ （3-22）

$$\overline{F} = \frac{1}{n}\sum_{i=1}^{n}F_i$$ （3-23）

式中：$\overline{F}$ —— 各单项组分评价分值（F_i）的平均值；

　　　F_{max} —— 单项组分评价分值（F_i）中的最大值；

　　　n —— 项数。

根据 F 值，按表 3-11 规定划分地下水质量级别。

表 3-11　地下水质量分级

级别	优良	良好	较好	较差	极差
F	<0.80	0.80～<2.50	2.50～<4.25	4.25～<7.20	>7.20

使用两次以上的水质分析资料进行评价时，可分别进行地下水质量评价，也可根据具体情况，使用全年平均值和多年平均值或分别使用多年的枯水季、丰水季平均值方法进行评价。

3.5　土壤重金属污染调查及评价方法

3.5.1　调查方法

3.5.1.1　采样点布设原则

（1）区域土壤背景值调查布点，一般在成土母质区域位置或相对未受到人为污染区域。

（2）污染区域调查布点，主要分为：

①灌溉水污染型土壤监测布点：在纳污灌溉水体两侧，按水流方向采用带状布点法，布点密度自灌溉水体口由密渐疏，各引灌段相对均匀。

②企业污染源型土壤监测布点：以企业污染源为中心，采用放射状布点法，布点密度自中心起由密渐疏。

③综合污染型土壤监测点：以主要污染物排放途径为主，综合采用放射状布点法、带状布点法和均匀布点法。

（3）土壤剖面调查布点，兼顾污染区和非污染区，在相对未受到人为污染或成土母质区域和证实/疑似污染区域分别布设剖面调查点，采集不同深度的土壤样品。

3.5.1.2　监测项目及质量控制

（1）监测项目

土壤样品分析检测指标主要包含 pH、含水率、有机质、阳离子交换量、常见 8 种重金属元素全量（Cd、As、Pb、Zn、Cu、Cr、Ni、Hg）、重金属有效态含量；水体样品分析检测指标包含 pH、常见 8 种重金属元素全量（Cd、As、Pb、Zn、Cu、Cr、Ni、Hg）；农产品分析检测指标包含 Cd、As、Pb、Cr、Hg。

（2）质量控制与质量保证措施

质量控制和质量保证是为了保证样品检测具有代表性、准确性、精密性、可比性和完整性。质量控制涉及农田土壤环境质量调查的全部过程，在样品的采集、保存、运输、交接等过程中应建立完整的管理程序。为避免采样设备及外部环境条件等因素影响样品质量，应注重现场采样过程中的质量控制和质量保证。项目的质量控制与管理分为现场采样质量控制与管理、实验室分析质量控制与管理两个部分。

①现场采样质量控制与管理。

现场记录与样品质量要求：现场采样时应详细填写现场观察记录单（如采样点编号、经纬度、气象条件、采样时间及日期、采样人员、土壤颜色、类型及质地、植被情况、周边环境描述等），以便为调查区域污染现状等分析工作提供依据。在采样过程中采样员应佩戴一次性聚乙烯手套，每次取样后进行更换，采样器具及时清洗；采集重金属样品时，将所采集的样品混合均匀，装于广口瓶中。为了便于后续整理数据和分析每个点位的周边环境情况，在采样过程中应在每个采样点附近进行拍照。土壤样品采集完成后，在样品瓶上标明编号等采样信息，并做好现场记录。所有样品采集后放入装有蓝冰的低温保温箱中，并及时送至实验室进行分析。在样品运送过程中，要确保保温箱能满足样品对低温的要求。

质量控制样品要求：为确保采集、运输、贮存过程中的样品质量，该项目在现场采样过程中设定现场质量控制样品，包括现场平行样、相应数量的采样工具清洗空白、运输空白样等。在采样过程中，参照国内外相关技术规范采集相应的土壤样品，采集 5%～10% 的平行样（样品总数不足 20 个时设置 2 个平行样；超过 20 个时，每 20 个样品设置 1 个平行样）。

样品保存、流转方法：样品采集后，指定专人将样品从现场送至临时实验室，到达临时实验室后，送样者和接样者双方同时清点样品，即将样品逐件与样品登记表、样品标签和采样记录单核对，并在样品交接单上签字确认，样品交接单由双方各存一份备查。核对无误后，将样品分类、包装后放于冷藏柜中，于当天或第二天发往检测单位。样品在运输过程中均采用保温箱保存，以保证样品对低温的要求，且严防样品的损失、混淆和沾污，直至最后到达检测单位分析实验室，完成样品交接。

②实验室分析质量控制与管理。

实验室分析质量控制包括实验室内的质量控制（内部质量控制）和实验室间的质量控制（外部质量控制）。前者是实验室内部对分析质量进行控制的过程，后者是指由第三方或技术组织通过发放考核样品等方式对各实验室报出合格分析结果的综合能力、数据的可比性和系统误差做出评估的过程。

为确保样品分析质量，该项目土壤样品分析单位应选取具国际和国内双认证资质实验室。为了保证分析样品的准确性，除了实验室已通过国家计量认证（CMA）、仪器按照规定定期校正，在进行样品分析时还需对各环节进行质量控制，随时检查和发现分析测试数据是否受控（主要通过标准曲线、精密度、准确度等）。在样品测定过程中，每 20 个样品设置 1 个质量保护样（双样，任选 1 个样品进行同样的编号，进行同样的测定）。平行样的相对偏差及相对差异控制范围需满足质控要求，可参考《土壤环境监测技术规范》（HJ/T 166—2004）中的相关规定。当平行双样测定合格率低于 95% 时，除对当批样品重新测定以外，再增加样品数 10%～20% 的平行样，直至平行双样测定合格率大于 95%。

3.5.2　评价方法

（1）农用地土壤环境质量评价标准

土壤样品检测结果按照《土壤环境质量　农用地土壤污染风险管控标准（试

行）》（GB 15618—2018）相应的标准限值进行评价，因土壤重金属的评价标准值与土壤 pH 密切相关，采集的 263 个表层土壤样品中，75.8%的土壤样品 pH 小于 5.5，根据保守原则在结果分析中选择 GB 15618—2018 中 pH≤5.5 的标准限值进行评价，具体评价标准见表 3-12。

表 3-12 农田土壤样品质量评价标准   单位：mg/kg

序号	污染物种类	筛选值	管制值
1	镉（Cd）	0.3	3.0
2	砷（As）	30	100
3	铅（Pb）	80	700
4	锌（Zn）	200	—
5	铜（Cu）	50	—
6	铬（Cr）	250	1 000
7	镍（Ni）	60	—
8	汞（Hg）	0.5	4.0

土壤中污染物的含量等于或者低于风险筛选值时，农用地土壤污染风险低，一般情况下可以忽略；高于风险筛选值时，可能存在风险，应加强土壤环境监测和农产品协同监测。

土壤中 Cd、Hg、As、Pb、Cr 的含量高于风险筛选值、等于或者低于风险管制值，可能存在食用农产品不符合质量安全标准等土壤污染风险，原则上应当采取安全利用措施。

土壤中 Cd、Hg、As、Pb、Cr 的含量高于风险管制值时，食用农产品不符合安全标准，农用地土壤风险高，原则上应当禁止种植食用农产品，采取退耕还林等严格管控措施。

（2）土壤污染风险评价方法

采用单因子指数和内梅罗综合污染指数法（式 3-6）对调查区域土壤重金属污染进行评估。

4 乐安河流域地表水重金属的污染状况

4.1 乐安河流域调查点位布设

在 2019 年 5 月丰水季及 2019 年 11 月枯水季对乐安河流域进行两次采样。采样点位的布置遍及乐安河流域德兴段及全部德兴界内主要支流。同时在乐安河德兴段下游（入乐平市）布置采样点位，以便判断污染扩散的情况。

第一期丰水季采样以普查性采样为主要目的，进行广泛的点位布置，全面摸清乐安河干流及支流重金属的分布情况，梳理出问题点位，作为二期采样的复查重点。

综合考虑河流水域面积、河流形态等河流自然属性，乐安河流域河流设监测点 50 个。

水样采集时间为 2019 年 5—11 月，分丰水季和枯水季两季。根据前期调查结果，丰水季地表水共有 142 个采样点，地下水共有 36 个采样点。

4.2 地表水重金属空间分布

4.2.1 历年监测数据回顾与分析

为了更好地反映整体水质变化情况，选取德兴市境内海口、太白、香屯和泪水河口 4 个典型断面（图 4-1，表 4-1），分析德兴市境内乐安河水质逐年变化趋势，其中海口断面位于德兴市境内乐安河上游，反映上游婺源来水和体泉水支流的水质状况；太白断面位于德兴市境内乐安河中游，反映乐安河海口片区和李宅水支流的水质状况；香屯断面位于德兴市境内乐安河下游，反映乐安河泗洲片区和大坞河支流的水质状况；泊水河口断面位于泊水下游，反映泊水和暖水河支流的水质状况。

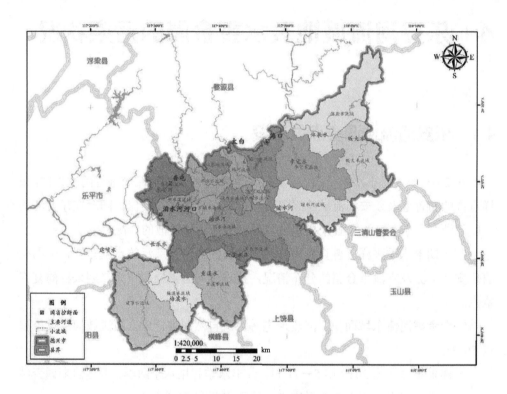

图 4-1　德兴市常规监控断面位置

表 4-1　德兴市常规监控断面信息

断面名称	断面类别	河流名称	地理位置
海口	省控	乐安河	德兴市海口镇王店村
太白	省控	乐安河	婺源县太白镇太白桥
香屯	省控	乐安河	德兴市泗洲镇香屯村香屯大桥
泊水河口	国控	泊水	德兴市泗洲镇王家山村

4.2.1.1　历史水质总体情况

自 2013 年以来，乐安河干流（德兴段）水体水质持续保持优良，而泊水部分河段水体多种重金属存在超标现象。根据国控、省控监测断面水质例行监测数据，乐安河流域（德兴段）2008—2019 年地表水水质总体优良，除了个别断面偶尔超标（超标因子主要为 pH、总磷、六价铬和镉），境内国控、省控断面均达到地表水Ⅲ类及以上水质标准。其中，香屯断面出现过 2 次超标现象，泊水河口断面出现过 4 次超标现象。

4.2.1.2 历史监测数据水质动态分析

（1）pH

根据 2008—2019 年监测数据绘制 pH 变化过程，结果如图 4-2 所示。从 pH 指标来看，4 个断面 pH 总体呈波动上升趋势，其中海口断面 pH 历年年均值为 7.04；太白断面 pH 历年年均值为 7.04；香屯断面 pH 历年年均值为 6.83；泊水河口断面 pH 历年年均值为 6.86。总体来看，香屯断面和泊水河口断面 pH 相对较低，可能与历史上德兴境内采矿活动和尾砂库主要集中在大坞河和泊水区域相关。

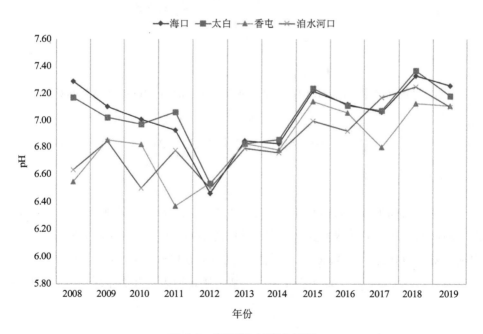

图 4-2 各断面 pH 变化过程

（2）溶解氧（DO）

从 DO 指标来看，4 个断面 DO 质量浓度总体变化不大，其中海口断面 DO 历年年均值为 8.10 mg/L；太白断面 DO 历年年均值为 8.14 mg/L；香屯断面 DO 历年年均值为 8.06 mg/L；洎水河口断面 DO 历年年均值为 8.06 mg/L，均达到了地表水 II 类水质标准（图 4-3）。

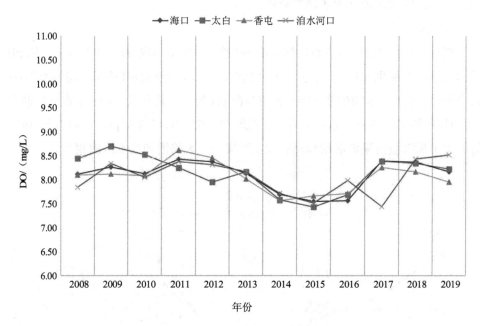

图 4-3 各断面 DO 质量浓度变化过程

（3）氨氮

从氨氮指标来看，太白断面和香屯断面氨氮质量浓度总体保持上升，海口断面和洎水河口断面质量浓度变化不大，其中海口断面氨氮为 0.15～0.55 mg/L；太白断面氨氮为 0.15～0.53 mg/L；香屯断面氨氮为 0.18～0.48 mg/L；洎水河口断面氨氮为 0.21～0.55 mg/L，均小于 1 mg/L，基本满足地表水 II 类水质标准（图 4-4）。

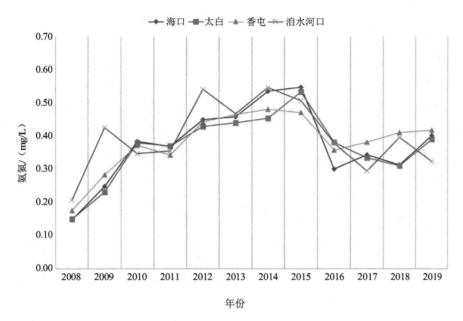

图4-4　各断面氨氮质量浓度变化过程

（4）总磷（TP）

从TP指标来看，4个断面TP质量浓度均呈上升趋势，其中海口断面TP为0.005～0.077 mg/L；太白断面 TP 为0.007～0.09 mg/L；香屯断面 TP 为0.005～0.088 mg/L；泊水河口断面 TP 为0.006～0.08 mg/L，均小于 0.1 mg/L，基本满足地表水Ⅱ类水质标准（图4-5）。

（5）化学需氧量（COD$_{Cr}$）

从 COD$_{Cr}$ 指标来看，4个断面 COD$_{Cr}$ 质量浓度均呈上升趋势，其中海口断面 COD$_{Cr}$ 为 4.73～8.42 mg/L，历年年均值为 5.91 mg/L；太白断面 COD$_{Cr}$ 为 4.25～8.67 mg/L，历年年均值为 6.12 mg/L，波动较大，2008—2014 年逐步上升，2015年和 2016 年有小幅的下降后逐渐上升；香屯断面 COD$_{Cr}$ 为 5.00～8.67 mg/L，历年年均值为 6.53 mg/L；泊水河口断面 COD$_{Cr}$ 为 5.00～10.08 mg/L，历年年均值为 6.84 mg/L，均小于 15 mg/L，基本满足地表水Ⅱ类水质标准（图4-6）。

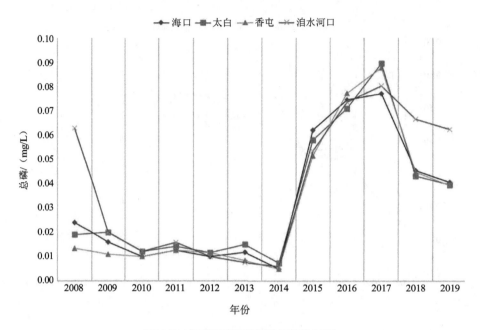

图 4-5　各断面 TP 质量浓度变化过程

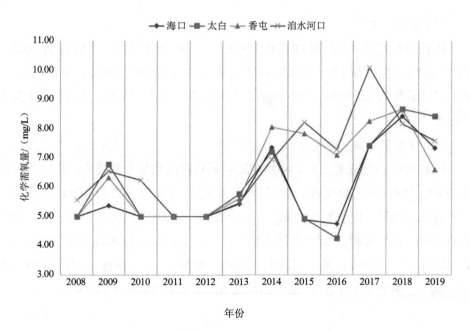

图 4-6　各断面 COD~Cr~ 质量浓度变化过程

（6）高锰酸盐指数（COD_Mn）

从 COD_Mn 指标来看，4 个断面 COD_Mn 质量浓度总体变化不大，无明显升降趋势，其中海口断面 COD_Mn 为 1.38～2.23 mg/L；太白断面 COD_Mn 为 1.30～2.34 mg/L；香屯断面 COD_Mn 为 1.33～2.35 mg/L；泊水河口断面 COD_Mn 为 1.80～2.78 mg/L，均小于 4 mg/L，基本满足地表水 II 类水质标准（图 4-7）。

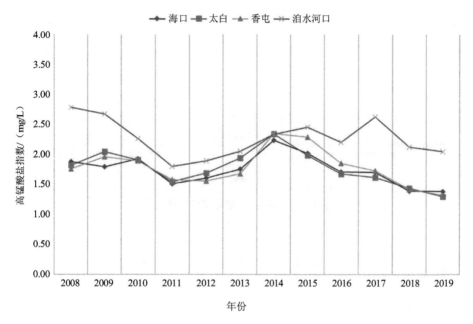

图 4-7 各断面 COD_Mn 质量浓度变化过程

（7）铅（Pb）

从 Pb 指标来看，4 个断面 Pb 质量浓度总体呈波动上升趋势，但整体基本满足地表水 II 类水质标准（图 4-8）。

（8）镉（Cd）

从 Cd 指标来看，4 个断面 Cd 质量浓度总体呈波动上升趋势，其中泊水河口断面在 2012 年 11 月出现 0.0033 mg/L 的质量浓度高值，水质类别达到劣 V 类，其他时间均小于 0.001 mg/L，乐安河流域整体基本满足地表水 I 类水质标准（图 4-9）。

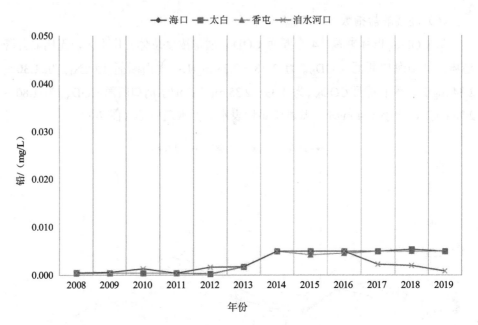

图 4-8　各断面 Pb 质量浓度变化过程

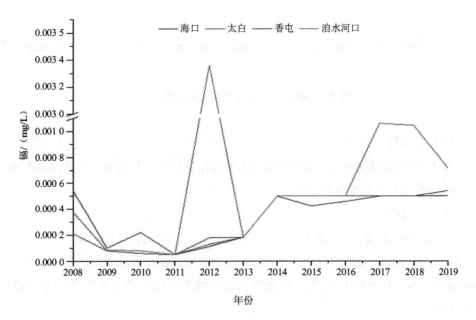

图 4-9　各断面 Cd 质量浓度变化过程

（9）锌（Zn）

从 Zn 指标来看，4 个断面 Zn 质量浓度总体呈下降趋势，基本满足地表水 II 类水质标准。泪水河口断面锌质量浓度下降趋势最明显，从 2010 年的 0.67 mg/L 降至 2019 年的 0.02 mg/L（图 4-10）。

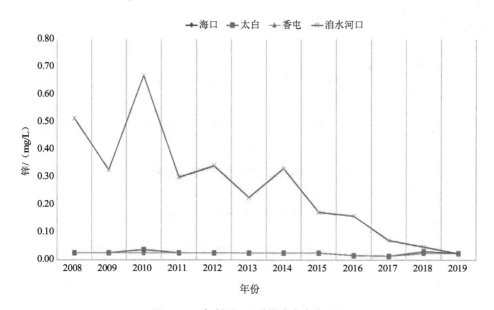

图 4-10　各断面 Zn 质量浓度变化过程

（10）六价铬（Cr^{6+}）

从 Cr^{6+} 指标来看，4 个断面 Cr^{6+} 质量浓度总体呈下降趋势，基本满足地表水 II 类水质标准（图 4-11）。

（11）汞（Hg）

从 Hg 指标来看，4 个断面汞质量浓度总体呈下降趋势，基本满足地表水 II 类水质标准（图 4-12）。

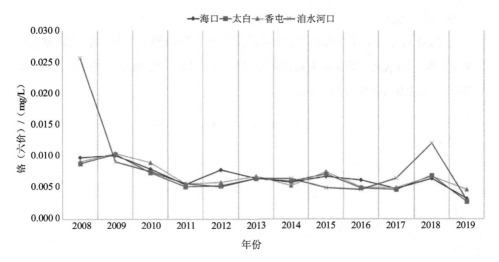

图 4-11　各断面 Cr^{6+} 质量浓度变化过程

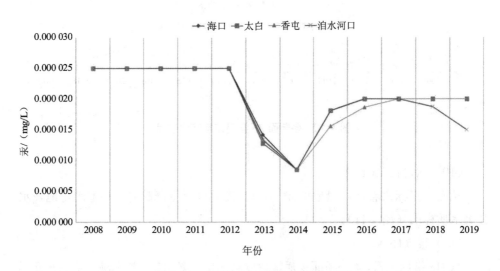

图 4-12　各断面 Hg 质量浓度变化过程

（12）铜（Cu）

从 Cu 指标来看，4 个断面 Cu 质量浓度总体变化不大，无明显升降趋势，其中泊水河口断面 Cu 质量浓度年际波动较大，从 2011 年的 0.27 mg/L 降至 2019 年的 0.004 2 mg/L；各断面质量浓度均小于 1 mg/L，基本满足地表水 Ⅱ 类水质标准（图 4-13）。

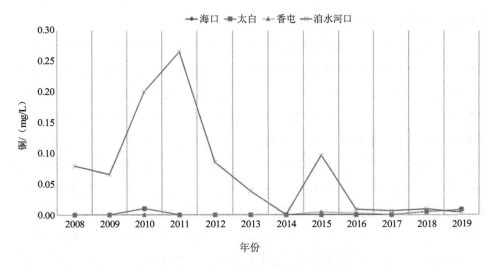

图 4-13　各断面 Cu 质量浓度变化过程

（13）砷（As）

从 As 指标来看，4 个断面 As 质量浓度总体变化不大，无明显升降趋势，其中泊水河口断面 As 质量浓度年际波动较大，从 2013 年最高的 0.007 3 mg/L 降至 2019 年的 0.002 8 mg/L；各断面质量浓度均小于 0.05 mg/L，基本满足地表水 II 类水质标准（图 4-14）。

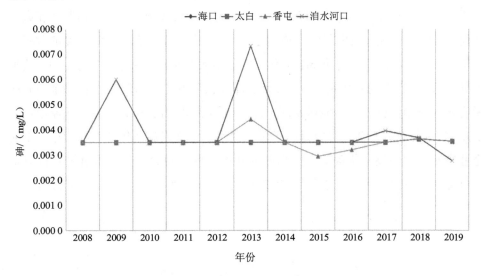

图 4-14　各断面 As 质量浓度变化过程

4.2.1.3 水质变化时空差异分析

为了解乐安河德兴段历年的水质变化情况，根据《地表水资源质量评价技术规程》（SL 395—2007）中规定的水质时间序列变化趋势分析方法，目前较为常用的方法有回归分析法、时间序列分析法、水质 GM 趋势模型法、平滑模型法和非参数检验模型法等。本书选取应用较为广泛的非参数检验-季节性肯德尔检验数学模型来分析乐安河流域德兴段水质变化趋势。趋势分析中水质序列的长短对趋势检验有很大影响，选择过短的水质序列（如 2a 或 3a）不能准确判定是否存在趋势；选择过长的水质序列则会出现一种趋势掩盖或抵消另一种趋势的现象。本书选用 2008—2019 年的逐年水质监测数据，采用季节性肯德尔检验数学模型判断乐安河水质趋势的升、降。季节性肯德尔检验数学模型取显著性水平 α 为 0.1 和 0.01，即当 $\alpha \leqslant 0.01$ 时，说明检验具有高度显著性水平；当 $0.01 < \alpha \leqslant 0.1$ 时，说明检验是显著的；当 $\alpha > 0.1$ 时，说明水质变化无趋势。本书趋势分析选取包括总磷、氨氮、化学需氧量、高锰酸盐指数、五日生化需氧量（BOD_5）、pH、铅、镉、六价铬、锌、铜、砷和汞 13 个水质指标，具体的趋势分析结果如表 4-2～表 4-5 所示。

（1）常规指标

历史上德兴境内采矿场和尾砂库的渗出水为富含重金属的高酸性废水，这些酸性废水可随地表径流等进入大坞河和泪水河水体，导致河水 pH 较低，但趋势分析结果显示乐安河下游香屯断面的 pH 呈显著上升趋势，上游海口断面和太白断面的 pH 却无明显升降趋势，说明近年来乐安河水质得到了一定程度的改善。从地理位置来看，香屯断面 pH 变化可能是由太白断面至香屯断面之间的河流汇入导致的，这区间存在大坞河、立新水和潭埠水几条支流。除泪水河口断面 BOD_5 无明显升降趋势以外，其他乐安河干流上 3 个断面 BOD_5 均呈显著下降趋势，BOD_5 质量呈变好趋势，可能是由于区域内污水处理设施逐年建设并运行、工业企业废水治理率逐年提高等。太白断面和香屯断面总磷、化学需氧量和氨氮均呈显著上升趋势，可能是由于德兴市境内畜禽养殖污染及农业化肥的施用。

表 4-2   水质变化趋势肯德尔检验分析统计量   单位：%

断面名称		海口	太白	香屯	洎水河口
pH	显著水平α	26.86	13.74	1.11	1.44
	变化率	0.25	0.26	0.5	0.5
氨氮	显著水平α	13.74	3.86	8.89	62.72
	变化率	2.52	3.46	3.3	−0.62
总磷	显著水平α	0.03	0.08	0	1.24
	变化率	12.5	12.36	15.51	12.5
化学需氧量	显著水平α	0	0.01	0	0.01
	变化率	2.36	2.5	3.1	3.59
高锰酸盐指数	显著水平α	12.16	1.33	12.85	93.18
	变化率	−1.18	−1.73	−1.46	0.18
BOD_5	显著水平α	0	0.12	1.19	25.97
	变化率	0	0	0	0

表 4-3   2008—2019 年乐安河水质变化趋势分析结果

断面名称	pH	氨氮	总磷	化学需氧量	高锰酸盐指数	BOD_5
海口	无明显升降趋势	无明显升降趋势	显著上升	显著上升	无明显升降趋势	显著下降
太白	无明显升降趋势	显著上升	显著上升	显著上升	显著下降	显著下降
香屯	显著上升	显著上升	显著上升	显著上升	无明显升降趋势	显著下降
洎水河口	显著上升	无明显升降趋势	显著上升	显著上升	无明显升降趋势	无明显升降趋势

（2）重金属指标

从历年数据分析来看，乐安河和洎水断面 Pb、Cd 指标呈显著上升趋势，As、Cu 无明显升降趋势，Cr^{6+}、Zn 和 Hg 呈显著下降趋势。分析其原因，Pb、Cd 浓度上升可能是由于历史污染积累和现状持续开采的双重影响，洎水和大坞河是德兴市境内的首要污染河流，其底泥重金属污染和水体悬浮物重金属污染不容忽视。另外，重金属 Cd 的分级形态与其他金属差别较大，其主要分级形态为可交换态，从沉积物、土壤中溶出的可能性更大。

表 4-4　水质重金属变化趋势肯德尔检验分析统计量　　　　单位：%

	断面名称	海口	太白	香屯	泊水河口
Pb	显著水平α	0	0	0	3.41
	变化率	9.5	9.5	45	4.91
Cd	显著水平α	0	0	0	0
	变化率	5.36	8.39	9	15
Cr^{6+}	显著水平α	0.13	0.03	0.5	4.84
	变化率	−7.81	−7.41	−4.76	−4.76
As	显著水平α	39.29	35.67	100	11.3
	变化率	0	0	0	0
Hg	显著水平α	0	0	0	0
	变化率	−2.5	−2.5	−2.5	−2.78
Cu	显著水平α	24.18	79.65	17.21	44.26
	变化率	0	0	0	0
Zn	显著水平α	0.85	0.75	0.77	0
	变化率	0	0	0.00~2.50	−26.12

表 4-5　2008—2019 年乐安河水质重金属变化趋势分析结果

断面名称	铅	镉	六价铬	锌	汞	铜	砷
海口	显著上升	显著上升	显著下降	显著下降	显著下降	无明显升降趋势	无明显升降趋势
太白	显著上升	显著上升	显著下降	显著下降	显著下降	无明显升降趋势	无明显升降趋势
香屯	显著上升	显著上升	显著下降	显著下降	显著下降	无明显升降趋势	无明显升降趋势
泊水河口	显著上升	显著上升	显著下降	显著下降	显著下降	无明显升降趋势	无明显升降趋势

总体来看，乐安河流域德兴段水质 2008—2019 年呈由劣转优的趋势，部分指标虽然浓度呈上升趋势，但也都满足水质目标要求，区域水质总体上保持在Ⅲ类及以上水平。从污染因子来看，后期应重点关注 TP、氨氮、Pb、Cd 等污染物浓度变化情况。从空间分布来看，呈现出上游水质变化小，中下游水质变化显著的特征，流域水质空间分布整体变化趋势与城市经济发展和水环境治理情况基本吻合。

4.2.2 地表水调查分析与评价

4.2.2.1 特征污染物分析

两期现场调查了 220 个监测点位数据。因为 GB 3838—2002 中未以重金属 Ni 作为指标，而测得的 Hg 的质量浓度数据虽然超过了检测限但低于定量限，数据可信度不足。因此水质分析中未采用重金属 Ni、Hg 的数据。从 pH 以及重金属 Cr、Cu、Zn、Cd、As、Pb 质量浓度的结果显示：乐安河干流、李宅水、建节水丰水季各监测点位水质均达到Ⅲ类。

在枯水季对丰水季的超标点位加密采样，经与 GB 3838—2002 比对，根据 pH 以及重金属 Cr、Cu、Zn、Cd、As、Pb 质量浓度判断，乐安河干流、体泉水、李宅水、建节水的枯水季水质都满足Ⅲ类水的要求。长乐水、大坞河、泊水均存在污染状况。

乐安河流域丰水季（5 月）和枯水季（11 月）pH 如图 4-15、图 4-16 所示。丰水季、枯水季乐安河干流各采样点从上游到下游 pH 为 6～9，满足地表水水质标准要求。

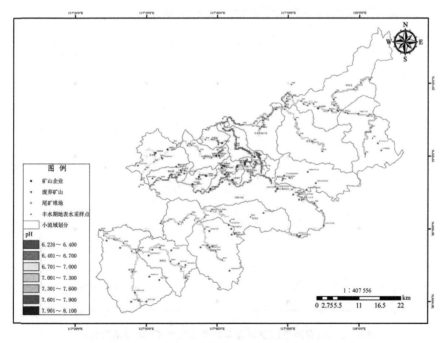

图 4-15 乐安河流域德兴段丰水季地表水 pH

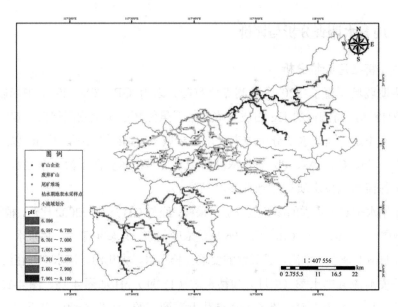

图 4-16　乐安河流域德兴段枯水季地表水 pH

各重金属质量浓度的分布如图 4-17～图 4-28 所示。

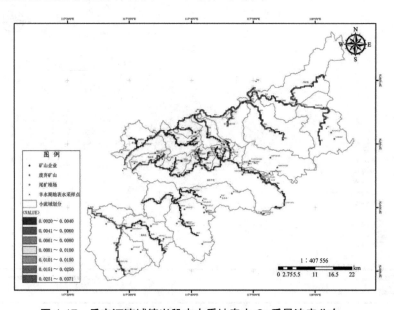

图 4-17　乐安河流域德兴段丰水季地表水 Cr 质量浓度分布

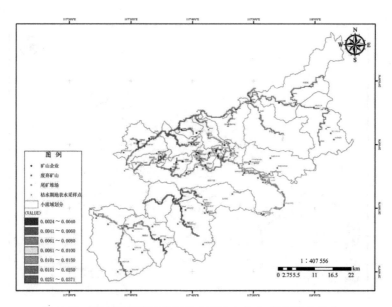

图 4-18 乐安河流域德兴段枯水季地表水 Cr 质量浓度分布

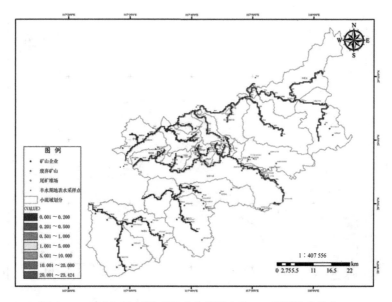

图 4-19 乐安河流域德兴段丰水季地表水 Cu 质量浓度分布

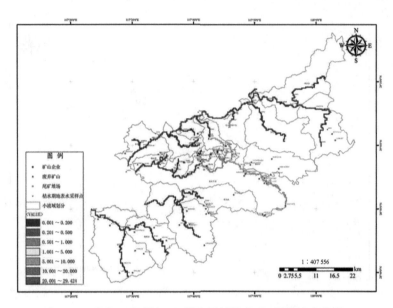

图 4-20　乐安河流域德兴段枯水季地表水 Cu 质量浓度分布

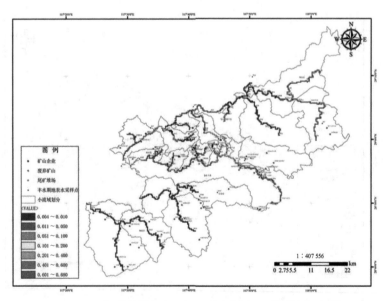

图 4-21　乐安河流域德兴段丰水季地表水 Zn 质量浓度分布

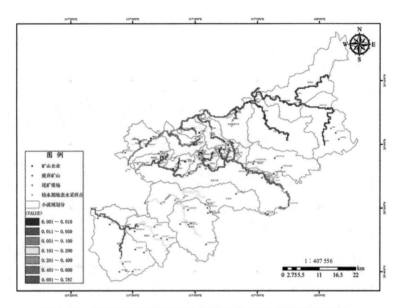

图 4-22　乐安河流域德兴段枯水季地表水 Zn 质量浓度分布

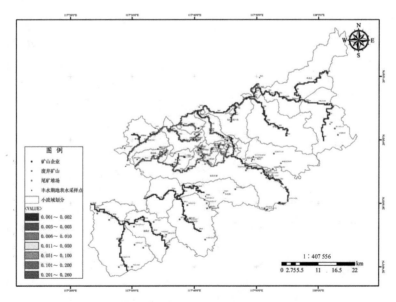

图 4-23　乐安河流域德兴段丰水季地表水 As 质量浓度分布

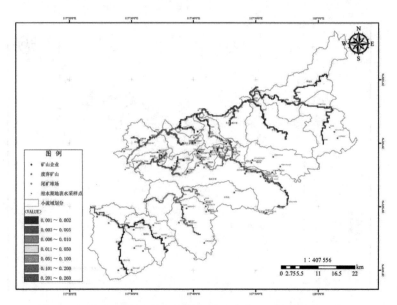

图 4-24　乐安河流域德兴段枯水季地表水 As 质量浓度分布

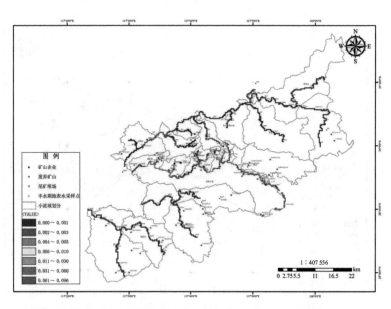

图 4-25　乐安河流域德兴段丰水季地表水 Cd 质量浓度分布

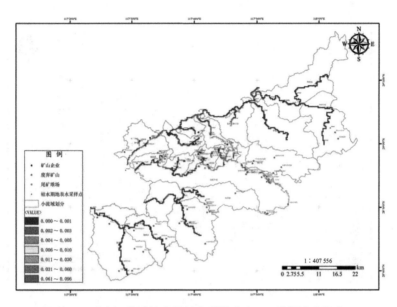

图 4-26 乐安河流域德兴段枯水季地表水 Cd 质量浓度分布

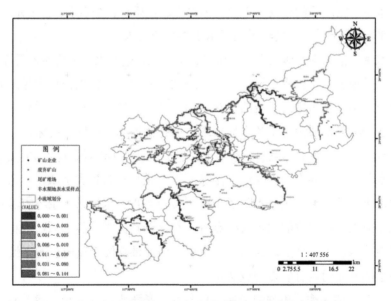

图 4-27 乐安河流域德兴段丰水季地表水 Pb 质量浓度分布

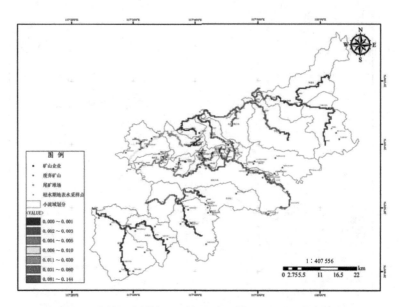

图 4-28　乐安河流域德兴段枯水季地表水 Pb 质量浓度分布

丰水季、枯水季的乐安河干流、体泉水、长乐水、李宅水、建节水、大坞河、泪水各采样点 Cr 质量浓度满足地表水Ⅰ类水质要求。

丰水季、枯水季的体泉水、长乐水、李宅水、建节水、大坞河各采样点 Cu 质量浓度满足地表水Ⅰ类水质要求。丰水季的乐安河干流各采样点满足地表水Ⅰ类水质要求，枯水季乐安河干流的 W060X Cu 质量浓度满足Ⅳ类水质要求。丰水季的泪水各采样点水质满足Ⅰ类水质要求，但花桥镇部分点位不达标。

丰水季、枯水季的体泉水、李宅水、建节水、大坞河各采样点 Zn 质量浓度满足地表水Ⅰ类水质要求。乐安河干流除了 1 个采样点为Ⅲ类水质，其余各点满足地表水Ⅰ类水质要求；长乐水除了 1 个采样点为Ⅳ类水质，其余各点满足地表水Ⅰ类水质要求；丰水季的泪水采样点有 1 个采样点为劣Ⅴ类水质，经枯水季加密采样发现泪水多个采样点均为劣Ⅴ类水质，由此推测位于花桥镇的支流 3 和位于银城街道的支流附近有矿点排放 Zn。

丰水季、枯水季的乐安河干流、体泉水、长乐水、李宅水、建节水、大坞河各采样点 As 质量浓度满足地表水Ⅰ类水质要求。丰水季的泪水各采样点满足Ⅰ类水质要求，枯水季监测发现位于泪水的一个采样点为劣Ⅴ类水质。

　　丰水季、枯水季的体泉水、长乐水、李宅水、建节水、大坞河各采样点 Cd 质量浓度满足地表水 I 类水质要求；丰水季的乐安河干流各采样点满足 I 类水质要求，枯水季监测发现有劣 V 类水质采样点；丰水季的泊水采样点多处为劣 V 类水质，经枯水季加密采样确认，位于支流的多个采样点 Cd 质量浓度超过地表水 V 类标准，为劣 V 类水质，表明附近有矿点排放 Cd。

　　丰水季、枯水季的乐安河干流、体泉水、长乐水、李宅水、建节水、大坞河各采样点 Pb 质量浓度满足地表水 III 类水质要求。丰水季的泊水采样点其中 1 个采样点为劣 V 类水质，经枯水季采样确认，位于支流的采样点的 Pb 质量浓度为 V 类水质，泊水河中 Pb 不是主要污染因素。

4.2.2.2　超标点位分析

　　由丰水季和枯水季的重金属的分布可以发现，重金属的超标点位分布在大坞河小流域、泊水的富家坞小流域、泊水的上畈水小流域、泊水干流小流域以及位于银城街道的桐水溪小流域、长乐水小流域。

　　位于泊水的富家坞小流域和泊水的上畈水小流域的超标点位的超标因子以 Cd、Cu、Ni、pH 为主。这两个小流域中持续生产的企业包括进行铜矿采选的德兴铜矿，还有一些停产和关闭的企业。重金属超标同这些企业、废弃矿山和尾矿堆场的累积排放有很大关系。

　　位于银城街道的桐水溪片区的超标因子以 Cd、Zn、As 为主，其中有的采样点 As 的超标倍数达到 28 倍，Cd 的超标倍数虽然不高，但这个片区内基本所有的采样点 Cd 都存在超标情况。该区域的重金属超标同区域内企业的累积排放有很大关系。

4.2.2.3　污染状况评价

　　（1）单因子指数法评价结果

　　针对乐安河流域各条河流，采用单因子指数法评价结果如图 4-29、图 4-30、表 4-6 所示。

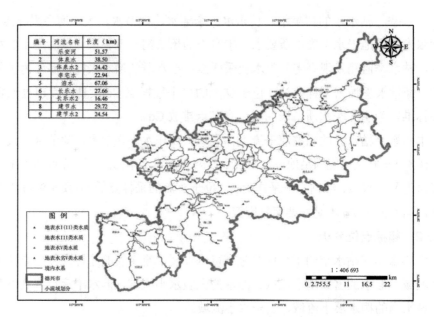

图 4-29 乐安河流域德兴段丰水季地表水水质评价

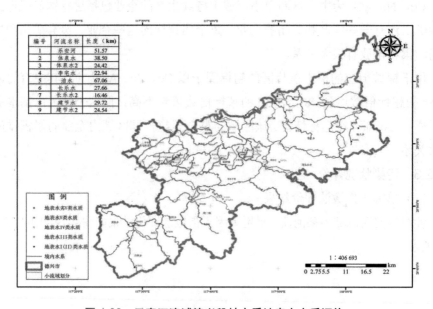

图 4-30 乐安河流域德兴段枯水季地表水水质评价

表 4-6 乐安河流域德兴段地表水单因子指数法水质评价结果

河流	丰水季	枯水季
乐安河干流	优	轻度污染
体泉水	优	优
李宅水	优	优
大坞河	中度污染	重度污染
泊水	轻度污染	重度污染
建节水	优	优
长乐水	良	轻度污染

乐安河干流丰水季所有采样点都满足Ⅲ类水质要求，通过计算可知，Ⅰ（Ⅱ）类水占 100%。因此丰水季乐安河干流水质总体较好。枯水季Ⅰ类水占 52.9%，Ⅱ类水占 47.1%，因此枯水季乐安河干流水质总体较好。

（2）水质定性评价结果

采用断面评价法对乐安河流域德兴段各河流水质进行评价，结果如表 4-7、表 4-8、图 4-31～图 4-46 所示。

乐安河流域在丰水季期间除大坞河为中度污染（pH、Ni）、泊水河为良（Cd）以外，其余各河流均为优；在枯水季期间，体泉水、李宅水、建节水、乐安河干流水质为优；大坞河除了 Ni 为重度污染，其余指标为优；长乐水除了 pH 为良，其余指标为优；泊水的 pH、Cr、Cd、Pb 为优，Ni、Cu 为重度污染，Zn、As 为良。

表 4-7 乐安河流域德兴段丰水季地表水断面法水质评价结果

河流	pH	Cr	Ni	Cu	Zn	As	Cd	Pb
乐安河干流	优	优	优	优	优	优	优	优
体泉水	优	优	优	优	优	优	优	优
李宅水	优	优	优	优	优	优	优	优
大坞河	中度污染	优	中度污染	优	优	优	优	优
泊水	优	优	优	优	优	优	良	优
长乐水	优	优	优	优	优	优	优	优
建节水	优	优	优	优	优	优	优	优

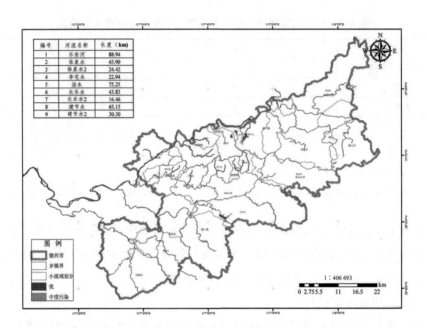

图 4-31 乐安河流域德兴段丰水季地表水 pH 评价结果

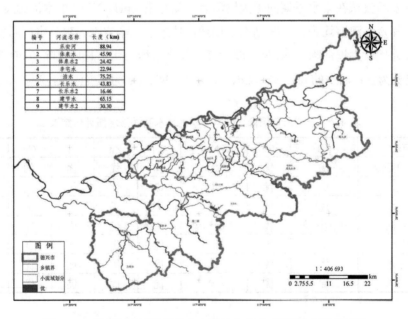

图 4-32 乐安河流域德兴段丰水季地表水 Cr 质量浓度评价结果

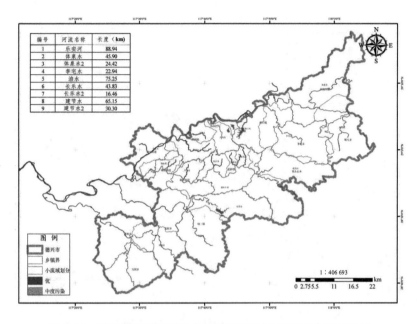

图 4-33 乐安河流域德兴段丰水季地表水 Ni 质量浓度评价结果

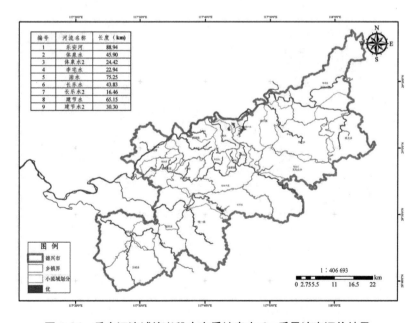

图 4-34 乐安河流域德兴段丰水季地表水 Cu 质量浓度评价结果

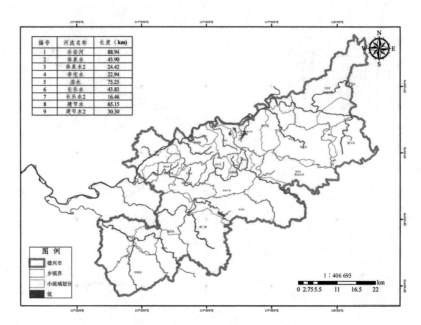

图 4-35　乐安河流域德兴段丰水季地表水 Zn 质量浓度评价结果

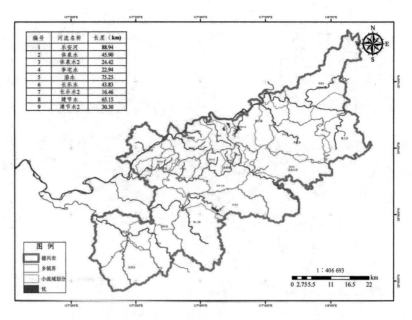

图 4-36　乐安河流域德兴段丰水季地表水 As 质量浓度评价结果

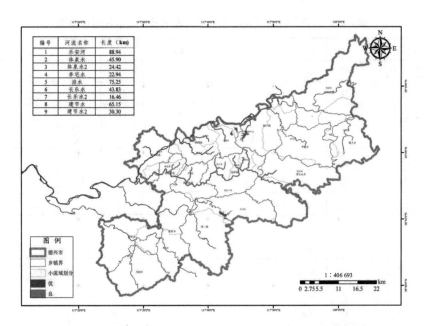

图 4-37 乐安河流域德兴段丰水季地表水 Cd 质量浓度评价结果

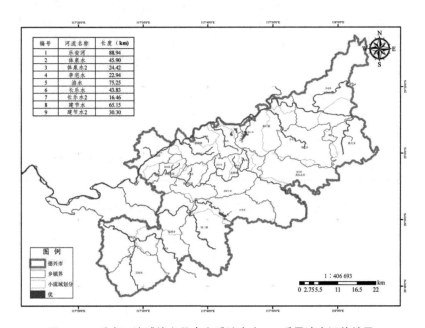

图 4-38 乐安河流域德兴段丰水季地表水 Pb 质量浓度评价结果

表4-8 乐安河流域德兴段枯水季地表水断面法水质评价结果

河流	pH	Cr	Ni	Cu	Zn	As	Cd	Pb
乐安河干流	优	优	良	优	优	优	优	优
体泉水	优	优	优	优	优	优	优	优
李宅水	优	优	优	优	优	优	优	优
大坞河	优	优	重度污染	优	优	优	优	优
泊水	优	优	重度污染	重度污染	良	良	优	优
长乐水	良	优	优	优	优	优	优	优
建节水	优	优	优	优	优	优	优	优

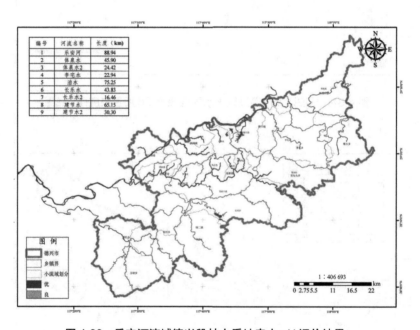

图4-39 乐安河流域德兴段枯水季地表水 pH 评价结果

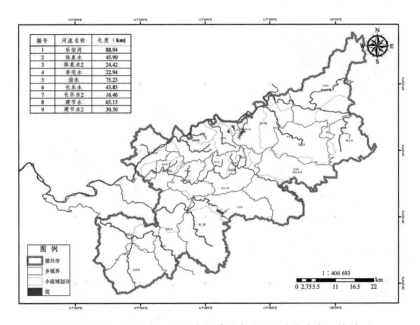

图4-40 乐安河流域德兴段枯水季地表水 Cr 质量浓度评价结果

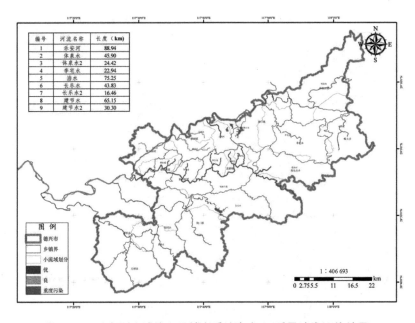

图4-41 乐安河流域德兴段枯水季地表水 Ni 质量浓度评价结果

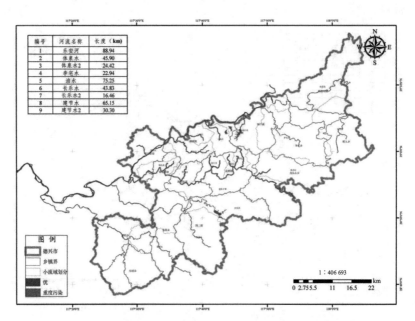

图 4-42　乐安河流域德兴段枯水季地表水 Cu 质量浓度评价结果

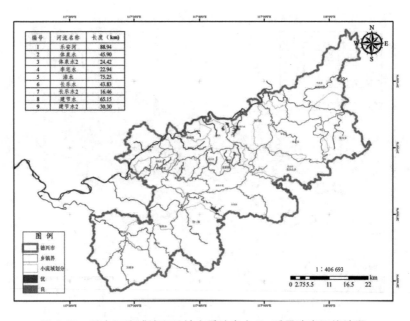

图 4-43　乐安河流域德兴段枯水季地表水 Zn 质量浓度评价结果

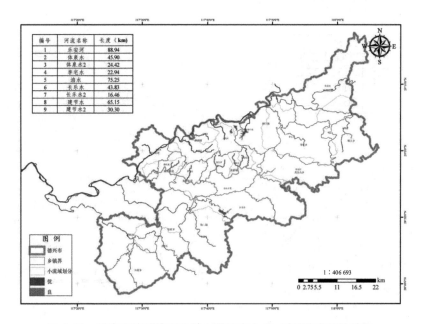

图 4-44　乐安河流域德兴段枯水季地表水 As 质量浓度评价结果

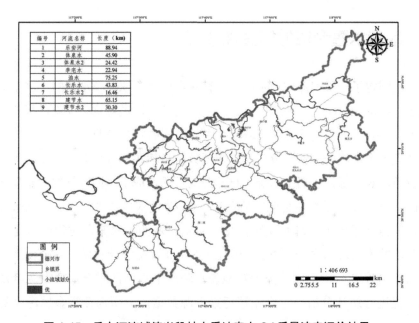

图 4-45　乐安河流域德兴段枯水季地表水 Cd 质量浓度评价结果

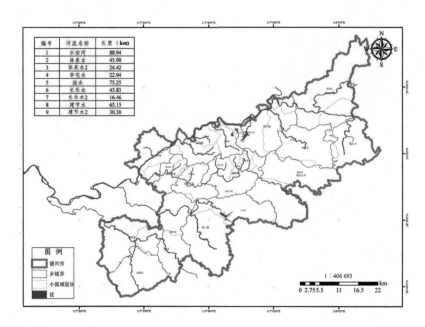

编号	河流名称	长度（km）
1	乐安河	88.94
2	体泉水	45.90
3	体泉水2	24.42
4	李宅水	22.94
5	洎水	75.25
6	长乐水	43.83
7	长乐水2	16.46
8	建节水	65.15
9	建节水2	30.30

图 4-46   乐安河流域德兴段枯水季地表水 Pb 质量浓度评价结果

4.3   地表水重金属的相关性分析

本次测定了乐安河流域河水中的 7 种重金属质量浓度及水体的 TOC、氨氮、氧化还原电位（ORP）、EC、F⁻、Cl⁻质量浓度等，通过对这些变量进行相关性分析和主成分分析，推测乐安河流域河水中重金属的主要来源。

环境中重金属的来源十分广泛，主要分为自然源和人为源，其中人为源又分为工业源、农业源、生活来源等。自然源的不同造成了不同区域的重金属环境背景值的差异；人为源中的工业源则是产生重金属污染的主要原因。不同来源的重金属污染需要不同的治理和预防措施，对重金属的污染来源进行解析是重金属污染防治的重要环节之一。本次利用 SPSS18.0 数据统计软件，综合使用多元统计方法相关性分析、主成分分析对地表水和地下水中的重金属质量浓度及水体水质情况进行统计分析，结合流域污染点源数据，分析河流重金属污染的主要来源。

分析乐安河干流、洎水、大坞河中 7 种重金属间的 Pearson 相关性系数，如果不同金属的质量浓度显著相关（$P<0.05$），那么这些金属可能存在一定的同源性，相关性系数越大，同源的可能性越高。

对于丰水季的乐安河干流，Cr、Ni、Pb、Cu 4 种金属中任意两种金属均呈显著性正相关，可能具有相同的来源；Zn 和 Cu、Cd 和 Cu、Zn 和 Ni 之间也呈显著性正相关，可能具有同源性；对于枯水季的乐安河干流，Zn、Ni、Cu 3 种金属中任意两种金属均呈显著性正相关，可能具有相同的来源；Cd、As、Pb 3 种金属中任意两种金属均呈显著性正相关，可能具有相同的来源；Cr 与其他金属的相关性较弱，与其余 6 种金属具有不同的来源（表 4-9、表 4-10）。

表 4-9　乐安河干流丰水季重金属浓度与水体各水质指标的相关性

	Cr	Ni	Cu	Zn	Cd	As	Pb
pH	0.324	0.234	0.461**	0.252	0.229	−0.079	0.172
T	−0.156	−0.048	0.072	0.146	0.182	−0.565**	−0.114
DO	0.273	0.235	−0.161	−0.304	−0.112	0.456**	0.158
ORP	−0.397*	−0.445**	−0.029	−0.192	0.161	−0.122	−0.552**
EC	0.128	0.383*	−0.021	−0.046	0.045	−0.103	0.035
氨氮	0.213	0.457**	−0.042	−0.057	−0.063	0.074	0.128
HCO_3^-	0.571**	0.685**	0.141	0.019	−0.018	0.203	0.454**
TOC	0.115	−0.050	−0.137	−0.308	−0.055	0.593**	0.018
F^-	−0.008	0.236	−0.070	−0.054	0.070	−0.096	−0.089
Cl^-	−0.031	−0.038	0.132	0.488**	0.187	0.077	−0.066
NO_3^-	0.516**	0.638**	0.269	0.226	−0.146	0.027	0.487**
SO_4^{2-}	0.603**	0.629**	0.733**	0.627**	0.244	−0.022	0.576**
K^+	0.641**	0.757**	0.531**	0.381*	0.131	0.064	0.540**
Na^+	0.529**	0.648**	0.589**	0.463**	0.346*	0.297	0.435**
Ca^{2+}	0.703**	0.762**	0.619**	0.544**	0.199	0.053	0.621**
Mg^{2+}	0.565**	0.511**	0.774**	0.628**	0.364*	0.252	0.482**
Cr	1.000	0.927**	0.610**	0.284	0.073	0.386*	0.916**
Ni	0.927**	1.000	0.558**	0.306	0.047	0.260	0.879**
Cu	0.610**	0.558**	1.000	0.706**	0.382*	0.180	0.541**
Zn	0.284	0.306*	0.706**	1.000	0.318	−0.105	0.376

	Cr	Ni	Cu	Zn	Cd	As	Pb
Cd	0.073	0.047	0.382*	0.318	1.000	0.027	0.153
As	0.386*	0.260	0.180	−0.105	0.027	1.000	0.266
Pb	0.916**	0.879**	0.541**	0.376**	0.153	0.266	1.000

注：**表示在 0.01 水平（双侧）上显著相关，*表示在 0.05 水平（双侧）上显著相关。

表 4-10 乐安河干流枯水季重金属浓度与水体各水质指标的相关性

	Cr	Ni	Cu	Zn	Cd	As	Pb
pH	0.260	−0.493*	−0.385	−0.460	−0.306	−0.240	−0.298
T	−0.210	0.445	0.118	0.246	0.569*	0.428	0.431
DO	0.447	−0.264	−0.169	−0.329	−0.096	−0.060	−0.100
ORP	0.081	0.208	0.247	0.292	0.092	0.061	0.122
EC	−0.265	0.848**	0.264	0.422	−0.143	−0.263	−0.236
氨氮	−0.325	0.770**	0.161	0.403	−0.150	−0.292	−0.244
HCO_3^-	0.865**	−0.197	0.059	−0.070	0.296	0.346	0.402
TOC	0.037	0.090	0.143	0.299	−0.080	−0.090	−0.063
F^-	−0.248	0.813**	0.376	0.448	−0.109	−0.197	−0.192
Cl^-	−0.221	0.589*	0.586*	0.684**	0.199	0.173	0.141
NO_3^-	−0.312	0.808**	0.245	0.329	−0.191	−0.241	−0.258
SO_4^{2-}	−0.255	0.865**	0.232	0.381	−0.160	−0.287	−0.253
K^+	−0.255	0.851**	0.390	0.519*	−0.191	−0.308	−0.271
Na^+	−0.287	0.866**	0.271	0.438	0.009	−0.105	−0.093
Ca^{2+}	−0.217	0.836**	0.260	0.371	−0.174	−0.294	−0.259
Mg^{2+}	−0.271	0.873**	0.237	0.409	−0.163	−0.288	−0.256
Cr	1.000	−0.101	0.132	−0.062	0.056	0.141	0.268
Ni	−0.101	1.000	0.640**	0.701**	−0.138	−0.245	−0.178
Cu	0.132	0.640**	1.000	0.927**	−0.072	−0.090	−0.001
Zn	−0.062	0.701**	0.927**	1.000	−0.033	−0.104	−0.024
Cd	0.056	−0.138	−0.072	−0.033	1.000	0.963**	0.951**
As	0.141	−0.245	−0.090	−0.104	0.963**	1.000	0.968**
Pb	0.268	−0.178	−0.001	−0.024	0.951**	0.968**	1.000

注：**表示在 0.01 水平（双侧）上显著相关，*表示在 0.05 水平（双侧）上显著相关。

　　对于丰水季的洎水，Ni、Pb、Cd、Zn 4 种金属中任意两种金属均呈显著性正相关，可能具有相同的来源；Ni 和 Cu 之间也呈显著性正相关，可能具有同源性；Cr、As 各自与其他金属的相关性较弱，与其余 6 种金属具有不同的来源。

　　对于枯水季的洎水，Cr、Zn、Ni、Cu 4 种金属中任意两种金属均呈显著性正相关，可能具有相同的来源；As、Pb 均呈显著性正相关，可能具有相同的来源；Ni 和 Cd 之间也呈显著性正相关，可能具有同源性；Zn 和 Pb 之间也呈显著性正相关，可能具有同源性；Zn 和 Cd 之间也呈显著性正相关，可能具有同源性（表 4-11、表 4-12）。

表 4-11　洎水丰水季重金属浓度与水体各水质指标的相关性

	Cr	Ni	Cu	Zn	Cd	As	Pb
pH	−0.001	−0.478[**]	−0.539[**]	−0.294	−0.290	0.426[**]	−0.282
T	−0.195	−0.056	0.401[*]	−0.154	0.079	0.089	−0.244
DO	−0.194	−0.353[*]	−0.469[**]	−0.241	−0.385[*]	0.284	−0.213
ORP	0.155	0.673[**]	0.270	0.680[**]	0.282	−0.116	0.664[**]
EC	0.210	−0.030	0.155	−0.088	−0.080	0.703[**]	−0.077
氨氮	0.277	0.201	0.607[**]	0.019	0.088	−0.114	−0.002
HCO_3^-	0.322[*]	−0.530[**]	−0.429[*]	−0.403[*]	−0.430[**]	0.377[*]	−0.378[*]
TOC	0.668[**]	−0.123	−0.123	−0.085	−0.072	−0.039	−0.019
F^-	−0.124	0.077	0.017	0.189	0.643[**]	−0.103	0.005
Cl^-	0.788[**]	−0.021	−0.050	−0.010	0.036	−0.108	0.071
NO_3^-	−0.007	−0.013	0.021	0.148	0.534[**]	0.063	−0.041
SO_4^{2-}	−0.115	0.110	0.035	0.225	0.651[**]	−0.060	0.038
K^+	−0.015	0.284	0.001	0.343[*]	0.190	0.053	0.294
Na^+	−0.021	0.087	0.011	0.208	0.631[**]	−0.019	0.033
Ca^{2+}	−0.109	0.206	0.050	0.321[*]	0.617[**]	−0.050	0.143
Mg^{2+}	−0.115	0.072	0.029	0.186	0.640[**]	−0.058	−0.001
Cr	1.000	0.079	0.039	0.051	−0.193	0.146	0.173
Ni	0.079	1.000	0.478[**]	0.928[**]	0.440[**]	−0.179	0.922[**]
Cu	0.039	0.478[**]	1.000	0.171	0.121	−0.122	0.135
Zn	0.051	0.928[**]	0.171	1.000	0.509[**]	−0.136	0.972[**]
Cd	−0.193	0.440[**]	0.121	0.509[**]	1.000	−0.214	0.363[*]
As	0.146	−0.179	−0.122	−0.136	−0.214	1.000	−0.124
Pb	0.173	0.922[**]	0.135	0.972[**]	0.363[*]	−0.124	1.000

注：**表示在 0.01 水平（双侧）上显著相关，*表示在 0.05 水平（双侧）上显著相关。

表 4-12 泊水枯水季重金属浓度与水体各水质指标的相关性

	Cr	Ni	Cu	Zn	Cd	As	Pb
pH	−0.449**	−0.721**	−0.702**	−0.879**	−0.643**	−0.043	−0.288
T	−0.147	−0.063	−0.079	0.069	−0.202	0.191	0.352*
DO	−0.468**	−0.578**	−0.568**	−0.639**	−0.218	−0.205	−0.348*
ORP	0.525**	0.511**	0.505**	0.368*	0.207	−0.382*	−0.262
EC	0.424*	0.677**	0.667**	0.798**	0.326	0.130	0.437**
氨氮	0.292	0.517**	0.509**	0.660**	0.276	0.246	0.478**
HCO_3^-	−0.019	−0.384*	−0.365*	−0.632**	−0.601**	−0.077	−0.332
TOC	0.378*	0.489**	0.492**	0.510**	0.289	0.042	0.231
F^-	0.834**	0.978**	0.977**	0.863**	0.339*	−0.107	0.156
Cl^-	−0.323	−0.086	−0.089	0.197	0.791**	0.132	0.159
NO_3^-	−0.202	−0.041	−0.053	0.172	−0.029	0.354*	0.426*
SO_4^{2-}	0.497**	0.747**	0.738**	0.828**	0.329	0.078	0.397*
K^+	−0.199	0.107	−0.117	0.023	0.040	0.216	0.236
Na^+	−0.357*	−0.096	−0.109	0.221	0.240	0.366*	0.439**
Ca^{2+}	0.043	0.312	0.289	0.550**	0.164	0.148	0.503**
Mg^{2+}	0.330	0.581**	0.574**	0.720**	0.291	0.146	0.438**
Cr	1.000	0.889	0.897	0.580**	0.030	−0.163	−0.105
Ni	0.889**	1.000	0.999**	0.847**	0.340*	−0.136	0.085
Cu	0.897**	0.999**	1.000	0.835**	0.332	−0.132	0.077
Zn	0.580**	0.847**	0.835**	1.000	0.595**	0.094	0.490**
Cd	0.030	0.340*	0.332	0.595**	1.000	0.016	0.165
As	−0.163	−0.136	−0.132	0.094	0.016	1.000	0.591**
Pb	−0.105	0.085	0.077	0.490**	0.165	0.591**	1.000

注：**表示在 0.01 水平（双侧）上显著相关，*表示在 0.05 水平（双侧）上显著相关。

对于丰水季的大坞河，Ni、Zn、Cd、Cu 4 种金属中任意两种金属均呈显著性正相关，可能具有相同的来源；As 和 Cr 之间也呈显著性正相关，可能具有同源性；Pb 与其他金属的相关性较弱，与其余 6 种金属具有不同的来源。

对于枯水季的大坞河，Cr、Zn、Ni、Cu 4 种金属中任意两种金属均呈显著性正相关，可能具有相同的来源；这与枯水季的泊水情况相同。As、Cd、Pb 各自与其他金属的相关性较弱，与其余 6 种金属具有不同的来源（表 4-13、表 4-14）。

表 4-13　大坞河丰水季重金属浓度与水体各水质指标的相关性

	Cr	Ni	Cu	Zn	Cd	As	Pb
pH	0.355	−0.857	−0.875	−0.879*	−0.838	0.436	−0.253
T	−0.425	0.841	0.856	0.841	0.845	−0.380	0.032
DO	−0.017	0.096	0.104	0.131	0.072	−0.192	0.240
ORP	−0.498	0.934*	0.962**	0.944*	0.917*	−0.498	0.077
EC	−0.555	−0.203	−0.159	−0.194	−0.197	−0.497	−0.687
氨氮	0.843	−0.571	−0.636	−0.586	−0.546	0.805	0.477
HCO_3^-	0.033	−0.328	−0.329	−0.361	−0.312	0.204	−0.346
TOC	−0.405	−0.077	−0.042	−0.098	−0.078	−0.238	−0.592
F^-	−0.744	0.730	0.786	0.755	0.699	−0.774	−0.221
Cl^-	0.106	−0.867	−0.861	−0.884*	−0.859	0.196	−0.490
NO_3^-	−0.605	0.761	0.802	0.788	0.740	−0.663	−0.052
SO_4^{2-}	−0.657	0.689	0.739	0.720	0.658	−0.731	−0.117
K^+	0.191	−0.810	−0.812	−0.832	−0.801	0.294	−0.397
Na^+	0.196	−0.810	−0.813	−0.833	−0.799	0.300	−0.393
Ca^{2+}	−0.251	−0.831	−0.792	−0.833	−0.840	−0.178	−0.770
Mg^{2+}	−0.492	0.812	0.846	0.838	0.785	−0.568	0.103
Cr	1.000	−0.168	−0.263	−0.193	−0.117	0.983**	0.809
Ni	−0.168	1.000	0.995**	0.999**	0.998**	−0.167	0.407
Cu	−0.263	0.995**	1.000	0.997**	0.987**	−0.261	0.319
Zn	−0.193	0.999**	0.997**	1.000	0.995**	−0.198	0.391
Cd	−0.117	0.998**	0.987**	0.995**	1.000	−0.115	0.448
As	0.983**	−0.167	−0.261	−0.198	−0.115	1.000	0.758
Pb	0.809	0.407	0.319	0.391	0.448	0.758	1.000

表 4-14　大坞河枯水季重金属浓度与水体各水质指标的相关性

	Cr	Ni	Cu	Zn	Cd	As	Pb
pH	0.905*	0.898*	0.791	0.816	0.355	−0.840	−0.848
T	−0.773	−0.588	−0.595	−0.544	−0.496	0.247	0.782
DO	0.769	0.655	0.540	0.551	0.449	−0.571	−0.774
ORP	−0.685	−0.600	−0.552	−0.521	−0.019	0.532	0.961**
EC	0.925*	0.988**	0.973**	0.984**	0.375	−0.782	−0.693
氨氮	0.384	0.319	0.125	0.166	0.031	−0.569	−0.643
HCO_3^-	0.903*	0.873	0.770	0.794	0.462	−0.772	−0.788

	Cr	Ni	Cu	Zn	Cd	As	Pb
TOC	0.365	0.302	0.106	0.147	−0.001	−0.569	−0.645
F$^-$	0.936*	0.982**	0.996**	0.999**	0.510	−0.680	−0.603
Cl$^-$	−0.760	−0.839	−0.722	−0.754	0.037	0.956*	0.883*
NO$_3^-$	0.319	0.250	0.054	0.095	−0.002	−0.523	−0.601
SO$_4^{2-}$	0.820	0.883*	0.955*	0.947*	0.531	−0.496	−0.387
K$^+$	−0.905*	−0.911*	−0.807	−0.838	−0.415	0.836	0.775
Na$^+$	−0.900*	−0.902*	−0.793	−0.820	−0.346	0.854	0.837
Ca^{2+}	−0.278	−0.243	−0.034	−0.082	0.142	0.595	0.626
Mg^{2+}	0.963**	0.998**	0.980**	0.992**	0.513	−0.744	−0.665
Cr	1.000	0.962**	0.950*	0.943*	0.600	−0.640	−0.747
Ni	0.962**	1.000	0.974**	0.986**	0.467	−0.774	−0.704
Cu	0.950*	0.974**	1.000	0.995**	0.556	−0.628	−0.608
Zn	0.943*	0.986**	0.995**	1.000	0.529	−0.686	−0.603
Cd	0.600	0.467	0.556	0.529	1.000	0.103	−0.017
As	−0.640	−0.774	−0.628	−0.686	0.103	1.000	0.728
Pb	−0.747	−0.704	−0.608	−0.603	−0.017	0.728	1.000

4.4 　地表水重金属的主成分分析

本书利用 SPSS 计算出 12 个特征值，主成分分析时，由于第一主成分贡献率为 95.188%，达到要求。因此只需选取第一主成分即可代表所有原始指标提供的绝大多数信息。

乐安河干流丰水季的 5 个主成分累积贡献率超过 75%，针对这 5 个主成分开展污染指标分析，采用 SPSS 软件，通过主成分的荷载系数和方差贡献率计算得到综合得分。排序后发现，乐安河丰水季的离子浓度较高，而重金属污染按照对河水影响从大到小排序为 Ni、Cr、Cu、Pb、Zn、Cd、As。其中 Ni、Cr、Cu 排名靠前，对水质影响较大，Cd、As 对水质影响较小（表 4-15）。

表 4-15　乐安河干流丰水季污染指标排序

污染指标	主成分 1	主成分 2	主成分 3	主成分 4	主成分 5	综合得分	排名
钠离子	0.859	0.111	0.132	0.187	0.318	0.329	1

污染指标	主成分 1	主成分 2	主成分 3	主成分 4	主成分 5	综合得分	排名
钙离子	0.915	−0.172	0.101	0.072	−0.061	0.315	2
钾离子	0.889	0.047	0.176	0.078	−0.131	0.303	3
镁离子	0.77	−0.438	−0.133	0.209	0.171	0.292	4
Ni	0.891	0.186	−0.187	−0.106	−0.273	0.279	5
硫酸根	0.812	−0.444	0.069	−0.028	−0.099	0.269	6
Cr	0.815	0.042	−0.431	−0.037	−0.298	0.257	7
Cu	0.701	−0.508	−0.128	0.1	−0.04	0.247	8
碳酸氢根	0.678	0.553	0	0.104	−0.042	0.238	9
Pb	0.748	−0.043	−0.428	−0.299	−0.211	0.221	10
Zn	0.548	−0.593	0.08	−0.195	0.356	0.194	11
氨氮	0.505	0.658	0.46	0.057	0.07	0.188	12
EC	0.459	0.6	0.592	0.096	0.083	0.177	13
硝酸根	0.539	0.321	−0.054	−0.291	−0.055	0.159	14
氟离子	0.338	0.588	0.627	0.07	0.201	0.141	15
pH	0.358	−0.391	0.125	0.343	−0.36	0.125	16
氯离子	0.184	−0.318	0.113	0.286	0.589	0.122	17
Cd	0.238	−0.364	0.127	0.338	0.231	0.121	18
As	0.199	0.249	−0.679	0.44	0.237	0.114	19
DO	0.119	0.626	−0.423	0.131	0.035	0.048	20
Hg	0.176	−0.256	0.003	−0.631	0.414	0.038	21
TOC	−0.134	0.262	−0.596	0.383	0.087	−0.014	22
T	0.013	−0.312	0.672	−0.038	−0.362	−0.026	23
ORP	−0.39	−0.315	0.303	0.653	−0.258	−0.102	24
特征值	8.231	3.799	3.048	1.85	1.519		
贡献率/%	34.297	15.829	12.699	7.71	6.33		
累计贡献率/%	34.297	50.126	62.825	70.535	76.865		

乐安河干流枯水季的 6 个主成分累积贡献率超过 92%，针对这 6 个主成分开展污染指标分析，采用 SPSS 软件，通过主成分的荷载系数和方差贡献率计算得到综合得分，排序后发现，乐安河丰水季的钠离子浓度较高，而重金属污染按照对河水影响从大到小排序为 Ni、Zn、Cu、Cd、Pb、As、Hg、Cr。其中 Ni 排名第二，为主要重金属污染因子，As、Hg、Cr 对水质影响较小（表 4-16）。

表 4-16　乐安河干流枯水季污染指标排序

污染指标	主成分1	主成分2	主成分3	主成分4	主成分5	主成分6	综合得分	排名
钠离子	0.957	0.101	−0.073	0.199	0.065	0.047	0.471	1
Ni	0.907	−0.017	0.321	0.059	−0.024	−0.004	0.451	2
EC	0.975	−0.029	−0.084	0.16	−0.068	0.052	0.445	3
镁离子	0.957	−0.066	−0.083	0.175	−0.025	0.16	0.44	4
钾离子	0.972	−0.059	0.008	0.057	−0.115	−0.052	0.432	5
硫酸根	0.961	−0.061	−0.105	0.169	−0.124	0.094	0.43	6
氨氮	0.916	−0.049	−0.139	0.075	0.023	0.309	0.42	7
氟离子	0.935	0.022	−0.033	0.11	−0.126	−0.234	0.419	8
钙离子	0.948	−0.062	−0.091	0.157	−0.221	−0.016	0.413	9
氯离子	0.611	0.305	0.308	0.039	0.548	−0.238	0.393	10
硝酸根	0.9	−0.085	−0.154	0.182	0.045	−0.187	0.392	11
T	0.495	0.627	−0.111	0.196	0.155	0.161	0.351	12
Zn	0.567	0.109	0.68	−0.353	0.195	−0.01	0.336	13
Cu	0.418	0.075	0.796	−0.301	0.073	−0.213	0.261	14
TOC	0.003	−0.064	0.348	0.056	0.606	0.69	0.106	15
Cd	−0.134	0.951	−0.067	0.085	0.063	−0.042	0.095	16
Pb	−0.221	0.944	0.061	0.068	−0.025	−0.036	0.061	17
ORP	0.152	0.205	0.173	−0.475	−0.641	0.379	0.059	18
As	−0.252	0.938	−0.052	0.082	0.06	−0.09	0.038	19
Hg	−0.094	0.476	−0.587	0.081	0.075	0.173	−0.008	20
碳酸氢根	−0.375	0.318	0.523	0.487	−0.351	0.161	−0.044	21
Cr	−0.337	0.099	0.573	0.48	−0.444	0.091	−0.067	22
DO	−0.46	−0.269	0.216	0.692	0.069	−0.229	−0.185	23
pH	−0.634	−0.492	0.056	0.431	0.214	0.156	−0.311	24
特征值	11.039	3.911	2.548	1.848	1.637	1.128		
贡献率/%	45.994	16.296	10.616	7.699	6.822	4.699		
累计贡献率/%	45.994	62.29	72.906	80.605	87.426	92.125		

4.5　地表水重金属污染评价

4.5.1　特征污染物分析

两期现场调查了 220 个监测点位数据，因为 GB 3838—2002 中未以重金属 Ni 作为指标，而测得的 Hg 的质量浓度数据虽然超过了检测限但低于定量限，数据可信度不足，因此水质分析中未采用重金属 Ni、Hg 的数据。pH 以及重金属 Cr、Cu、Zn、Cd、As、Pb 质量浓度的检测结果显示：乐安河干流、李宅水、建节水丰水季各监测点位水质均达到Ⅲ类。从重金属浓度的最大值来看，体泉水的 Pb 有 2 个点位水质超出Ⅲ类水质要求，长乐水中 1 个点位水质 pH 超出Ⅲ类水质要求，大坞河的 pH 超出Ⅲ类水质要求，洎水的 Zn、Cd、As 和 Pb 超出Ⅲ类水质要求。大坞河和洎水水质污染较重。

枯水季针对丰水季的超标点位加密采样，经与 GB 3838—2002 比对，根据 pH 以及重金属 Cr、Cu、Zn、Cd、As、Pb 质量浓度判断，乐安河干流、体泉水、李宅水、建节水的枯水季水质都满足Ⅲ类水质的要求。长乐水的 Zn 超出Ⅲ类水质要求，洎水河的 pH、Cu、Zn、Cd、As 和 Pb 超出Ⅲ类水质要求。长乐水和大坞河存在污染，洎水河水质污染较重。

在项目实施过程中，乐安河流域丰水季（5 月）和枯水季（11 月）pH 如图 4-47、图 4-48 所示。丰水季、枯水季乐安河干流各采样点从上游到下游 pH 在 6～9，满足地表水水质要求。丰水季 pH 在 6.2～6.4 的点位分布在大坞河小流域，其上游有泗州铜中矿的废弃矿山；pH 在 6.2～6.4 的点位还分布在富家坞小流域，其上游有德兴铜矿和富家坞硫铁矿；pH 在 6.2～6.4 的点位还分布在上畈水小流域，其上游有远坑金业、益丰再生和盛嘉环保；枯水季 pH 在 6.6～7 的点位分布在花桥镇。这两个城镇都在洎水经过的区域。整个乐安河流域德兴段中，丰水季发现位于洎水的两个采样点 pH 超出 6～9 的范围，为劣Ⅴ类水质，枯水季再次确认洎水存在 pH 为酸性的点位。

各种重金属质量浓度的分布如图 4-49～图 4-60 所示。

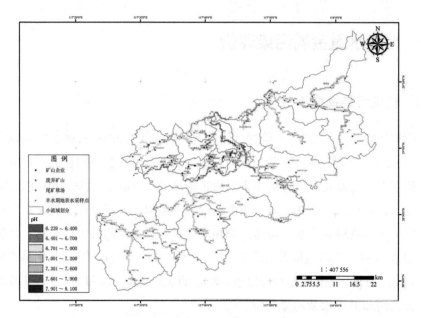

图 4-47　乐安河流域德兴段丰水季地表水 pH

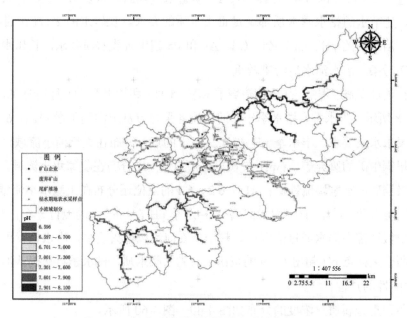

图 4-48　乐安河流域德兴段枯水季地表水 pH

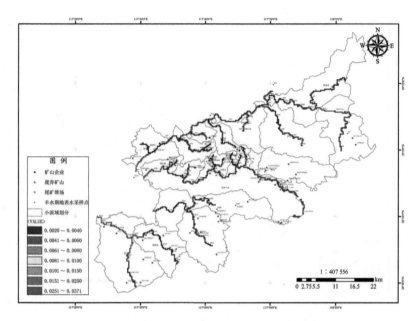

图 4-49　乐安河流域德兴段丰水季地表水 Cr 质量浓度分布

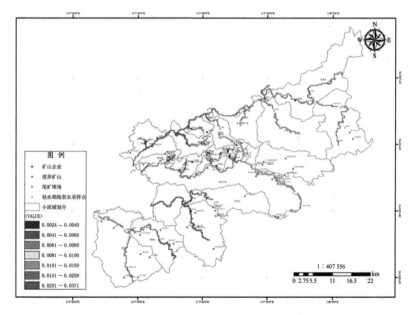

图 4-50　乐安河流域德兴段枯水季地表水 Cr 质量浓度分布

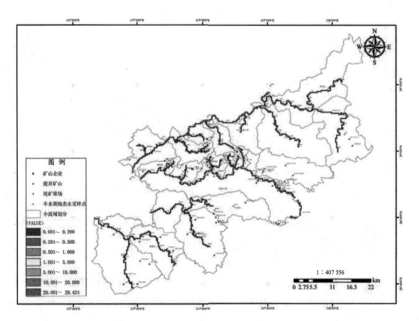

图 4-51　乐安河流域德兴段丰水季地表水 Cu 质量浓度分布

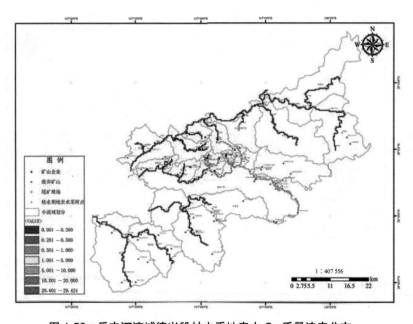

图 4-52　乐安河流域德兴段枯水季地表水 Cu 质量浓度分布

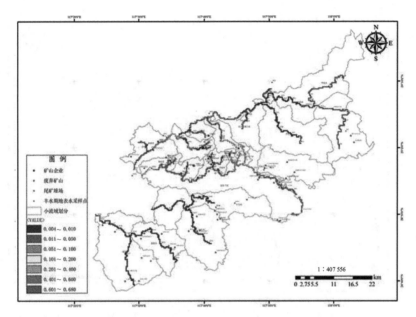

图 4-53　乐安河流域德兴段丰水季地表水 Zn 质量浓度分布

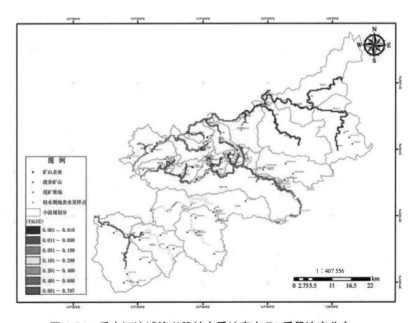

图 4-54　乐安河流域德兴段枯水季地表水 Zn 质量浓度分布

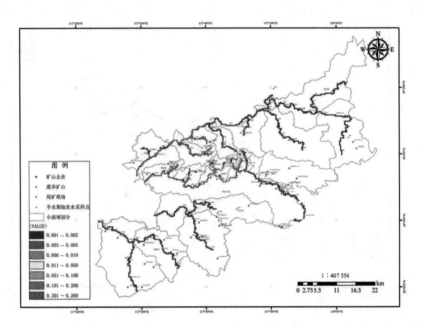

图 4-55　乐安河流域德兴段丰水季地表水 As 质量浓度分布

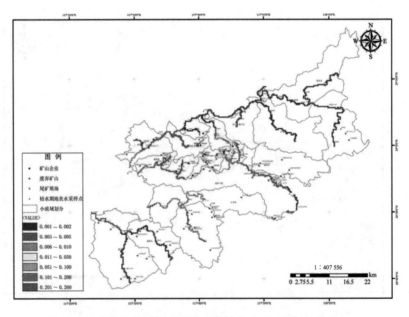

图 4-56　乐安河流域德兴段枯水季地表水 As 质量浓度分布

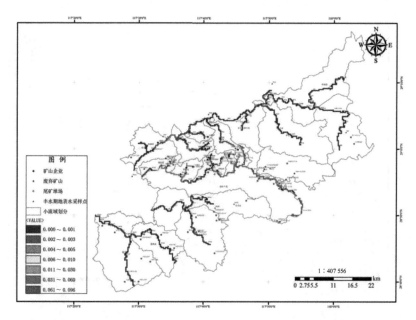

图 4-57　乐安河流域德兴段丰水季地表水 Cd 质量浓度分布

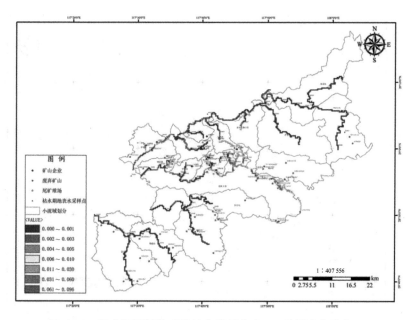

图 4-58　乐安河流域德兴段枯水季地表水 Cd 质量浓度分布

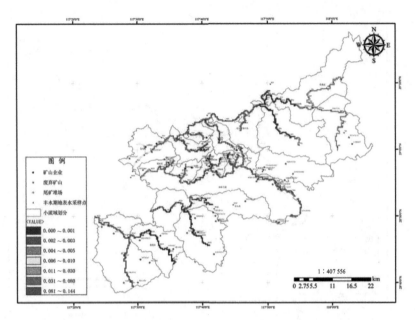

图 4-59   乐安河流域德兴段丰水季地表水 Pb 质量浓度分布

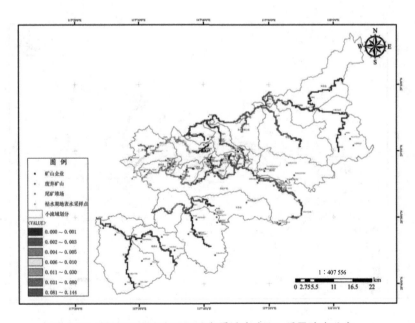

图 4-60   乐安河流域德兴段枯水季地表水 Pb 质量浓度分布

丰水季、枯水季的乐安河干流、体泉水、长乐水、李宅水、建节水、大坞河、泊水各采样点 Cr 质量浓度满足地表水 I 类水质要求。

丰水季、枯水季的体泉水、长乐水、李宅水、建节水、大坞河各采样点 Cu 质量浓度满足地表水 I 类水质要求。丰水季的乐安河干流各采样点满足地表水 I 类水质要求，枯水季乐安河干流的 1 个采样点 Cu 质量浓度满足Ⅳ类水质要求。丰水季的泊水各采样点水质满足 I 类水质要求，但枯水季的花桥镇 2 个采样点均为劣 V 类水质。

丰水季、枯水季的体泉水、李宅水、建节水、大坞河各采样点 Zn 质量浓度满足地表水 I 类水质要求。乐安河干流除了 1 个采样点为Ⅲ类水质，其余各点均满足地表水 I 类水质要求；长乐水除了 1 个采样点为Ⅳ类水质，其余各点均满足地表水 I 类水质要求；丰水季的泊水采样点有 1 个采样点为劣 V 类水质，经枯水季加密采样发现该处确为劣 V 类水质，由此推测位于花桥镇的支流 3 和位于银城街道的支流附近有矿点排放 Zn。

丰水季、枯水季的乐安河干流、体泉水、长乐水、李宅水、建节水、大坞河各采样点 As 质量浓度满足地表水 I 类水质要求。丰水季的泊水各采样点满足 I 类水质要求，枯水季监测发现位于泊水河的 1 个采样点为劣 V 类水质。

丰水季、枯水季的体泉水、长乐水、李宅水、建节水、大坞河各采样点 Cd 浓度满足地表水 I 类水质要求；丰水季的乐安河干流各采样点满足 I 类水质要求，枯水季监测发现 1 个采样点为劣 V 类水质；丰水季的泊水 3 个采样点为劣 V 类水质，经枯水季加密采样确认，位于支流的采样点的 Cd 质量浓度超过地表水 V 类标准，为劣 V 类水质，表明附近有矿点排放 Cd。

丰水季、枯水季的乐安河干流、体泉水、长乐水、李宅水、建节水、大坞河各采样点 Pb 质量浓度满足地表水Ⅲ类水质要求。丰水季的泊水 1 个采样点为劣 V 类水质，经枯水季采样确认，位于支流的采样点 W097X 的 Pb 质量浓度为 V 类水质，泊水中 Pb 不是主要污染因素。

4.5.2　污染状况评价

4.5.2.1　单因子指数法评价结果

针对乐安河流域各条河流，单因子指数法的评价结果如表 4-17、图 4-61、

图 4-62 所示。

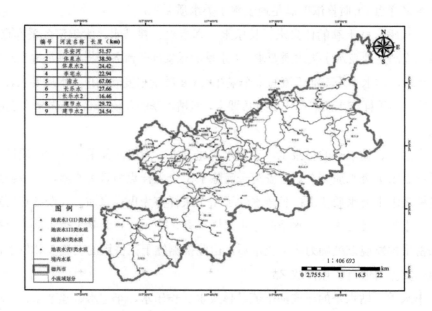

图 4-61　乐安河流域德兴段丰水季地表水水质评价

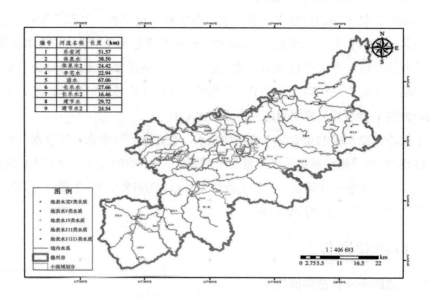

图 4-62　乐安河流域德兴段枯水季地表水水质评价

表 4-17　乐安河流域德兴段地表水单因子指数法水质评价结果

河流	丰水季	枯水季
乐安河干流	优	轻度污染
体泉水	优	优
李宅水	优	优
大坞河	重度污染	重度污染
泊水	中度污染	重度污染
建节水	优	优
长乐水	良	轻度污染

　　乐安河干流丰水季所有采样点都满足Ⅲ类水质要求,通过计算可知,Ⅰ(Ⅱ)类水占 100%。因此丰水季乐安河干流水质总体较好。枯水季Ⅰ类水占 52.9%,Ⅱ类水占 47.1%,因此枯水季乐安河干流水质总体较好。体泉水丰水季所有采样点满足Ⅲ类水质要求,通过计算可知,Ⅰ(Ⅱ)类水占 82.6%,Ⅲ类水占 17.4%;体泉水枯水季所有采样点满足Ⅰ类水质要求,因此体泉水水质总体良好。李宅水丰水季和枯水季的所有采样点满足Ⅰ类水质要求,李宅水水质为优。建节水丰水季和枯水季的所有采样点满足Ⅰ类水质要求,建节水水质为优。长乐水丰水季除了 1 个采样点位为劣Ⅴ类,其余采样点满足Ⅰ类水质要求,其中Ⅰ类水占 93.3%,劣Ⅴ类水占 6.7%,水质优良;枯水季Ⅲ类水占 57.1%,Ⅳ类水占 28.6%,劣Ⅴ类水占 14.3%,水质为轻度污染。大坞河丰水季Ⅰ类水占 20%、Ⅲ类水占 40%、劣Ⅴ类水占 40%,水质为中度污染;枯水季Ⅲ类水占 40%,Ⅳ类水占 60%,水质为重度污染。泊水丰水季Ⅲ类水质占 33.3%,Ⅳ类水质占 38.9%,Ⅴ类水质占 5.6%,劣Ⅴ类水质占 22.2%,水质为轻度污染;泊水枯水季Ⅰ(Ⅱ)类水质占 32.5%,Ⅲ类水质占 50%,Ⅴ类水质占 7.5%,劣Ⅴ类水质占 10%,水质为重度污染。

4.5.2.2　水质定性评价结果

　　采用断面评价法对乐安河流域德兴段各河流水质进行评价,结果如表 4-18、表 4-19 所示。

　　乐安河流域在丰水季期间除大坞河为中度污染(pH、Ni)、泊水为良(Cd)

以外，其余各河流均为优；在枯水季期间，体泉水、大坞河、李宅水、建节水水质为优；乐安河干流除了 Ni 为良，其余指标为优；长乐水除了 pH 为良，其余指标为优；泊水的 pH、Cr、Cd、Pb 为优，Cu、Ni 为重度污染，Zn、As 为良。

表 4-18   乐安河流域德兴段丰水季地表水断面法水质评价结果

河流	pH	Cr	Ni	Cu	Zn	As	Cd	Pb
乐安河干流	优	优	优	优	优	优	优	优
体泉水	优	优	优	优	优	优	优	优
李宅水	优	优	优	优	优	优	优	优
大坞河	中度污染	优	中度污染	优	优	优	优	优
泊水	优	优	优	优	优	优	良	优
长乐水	优	优	优	优	优	优	优	优
建节水	优	优	优	优	优	优	优	优

表 4-19   乐安河流域德兴段枯水季地表水断面法水质评价结果

河流	pH	Cr	Ni	Cu	Zn	As	Cd	Pb
乐安河干流	优	优	良	优	优	优	优	优
体泉水	优	优	优	优	优	优	优	优
李宅水	优	优	优	优	优	优	优	优
大坞河	优	优	重度污染	优	优	优	优	优
泊水	优	优	重度污染	重度污染	良	良	优	优
长乐水	良	优	优	优	优	优	优	优
建节水	优	优	优	优	优	优	优	优

丰水季、枯水季乐安河流域干流及各支流的评价结果如图 4-63～图 4-78所示。

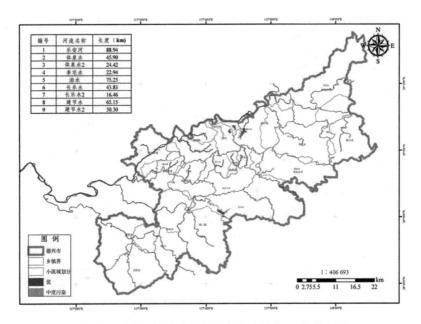

图4-63　乐安河流域德兴段丰水季地表水pH评价结果

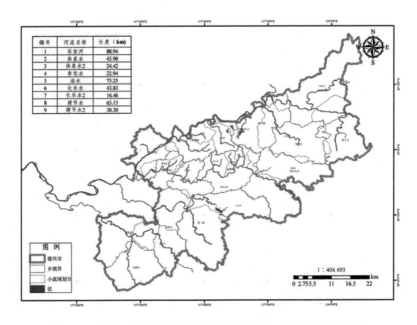

图4-64　乐安河流域德兴段丰水季地表水Cr质量浓度评价结果

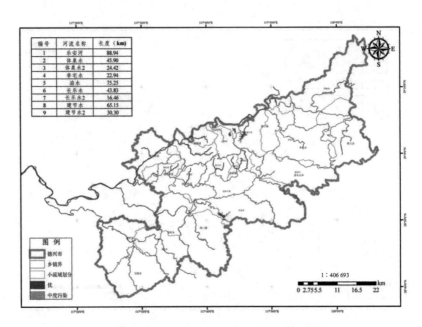

图 4-65　乐安河流域德兴段丰水季地表水 Ni 质量浓度评价结果

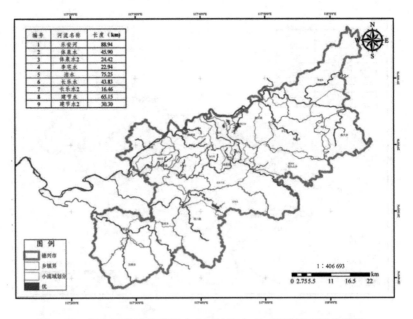

图 4-66　乐安河流域德兴段丰水季地表水 Cu 质量浓度评价结果

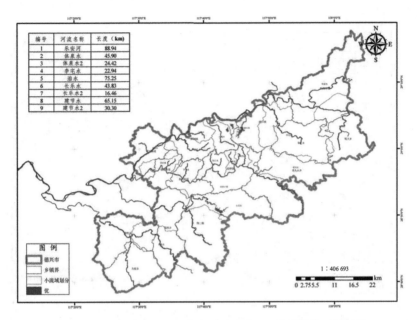

图 4-67　乐安河流域德兴段丰水季地表水 Zn 质量浓度评价结果

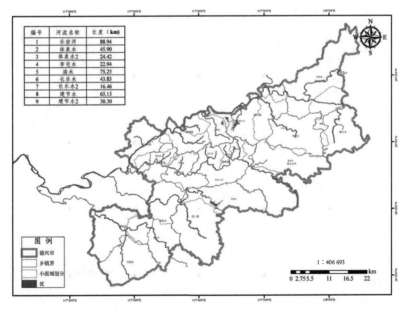

图 4-68　乐安河流域德兴段丰水季地表水 As 质量浓度评价结果

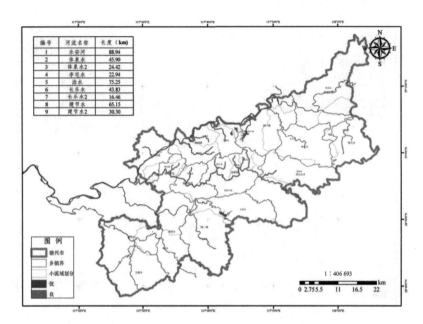

图 4-69   乐安河流域德兴段丰水季地表水 Cd 质量浓度评价结果

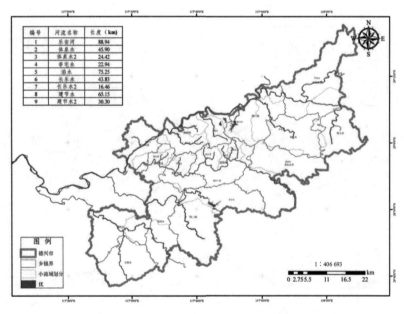

图 4-70   乐安河流域德兴段丰水季地表水 Pb 质量浓度评价结果

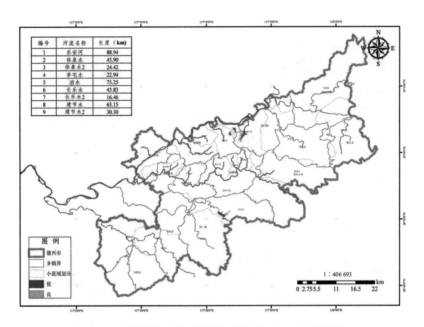

图 4-71 乐安河流域德兴段枯水季地表水 pH 评价结果

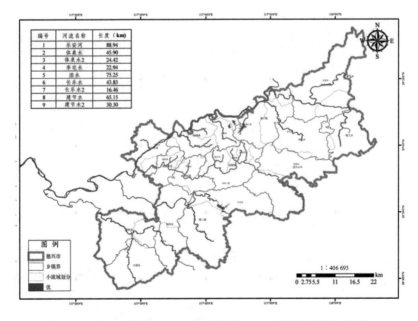

图 4-72 乐安河流域德兴段枯水季地表水 Cr 质量浓度评价结果

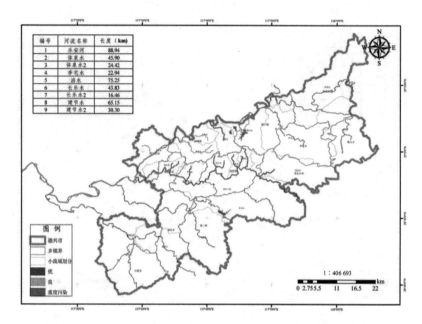

图 4-73 乐安河流域德兴段枯水季地表水 Ni 质量浓度评价结果

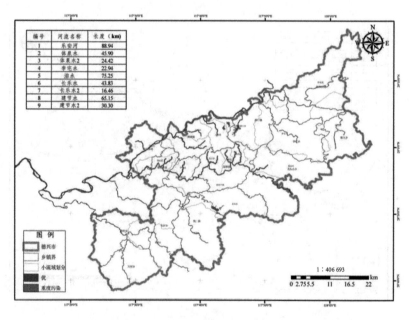

图 4-74 乐安河流域德兴段枯水季地表水 Cu 质量浓度评价结果

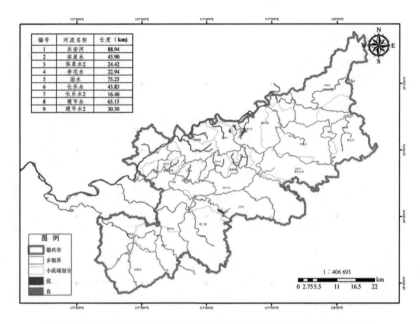

图 4-75   乐安河流域德兴段枯水季地表水 Zn 质量浓度评价结果

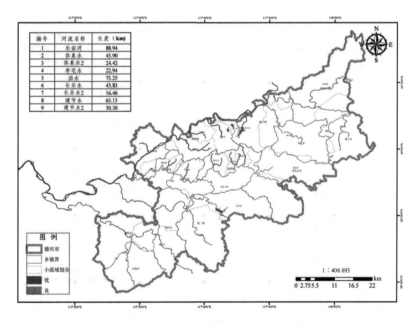

图 4-76   乐安河流域德兴段枯水季地表水 As 质量浓度评价结果

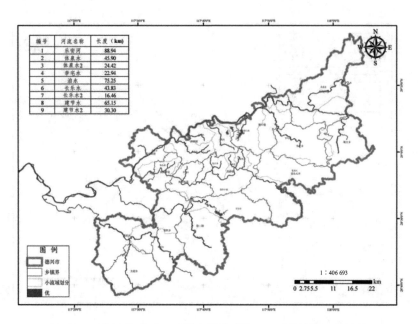

图 4-77　乐安河流域德兴段枯水季地表水 Cd 质量浓度评价结果

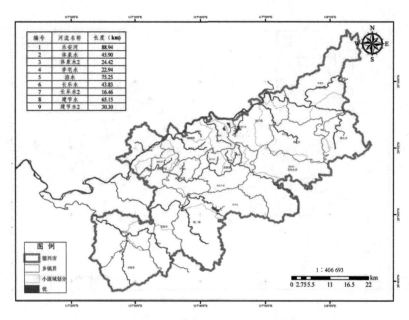

图 4-78　乐安河流域德兴段枯水季地表水 Pb 质量浓度评价结果

5 乐安河流域沉积物重金属的污染状况

5.1 点位布设

参考样点布设原则，本书在研究区公布设表层沉积物采样点 46 个，柱状沉积物采样点 12 个，采样点位置如图 5-1 和图 5-2 所示。

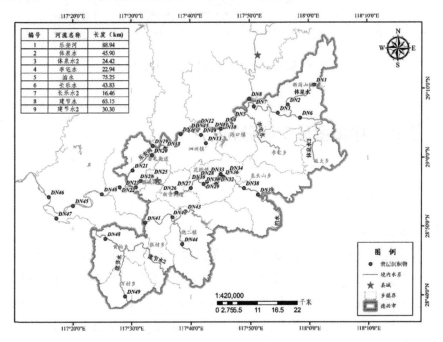

图 5-1 德兴市主要河流表层沉积物采样点位

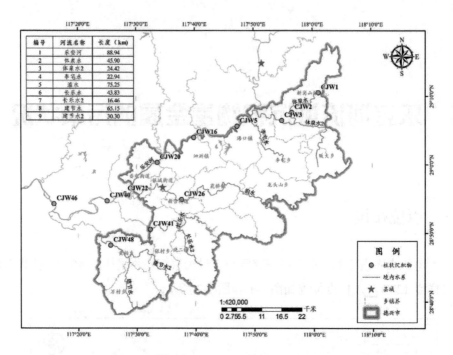

图 5-2   德兴市主要河流柱状沉积物采样点位

5.2   沉积物中重金属空间分布

5.2.1   表层沉积物

5.2.1.1   重金属总量

德兴市主要河流表层沉积物中典型重金属含量排序为 Cu＞Zn＞Pb≈Cr＞Ni≈As＞Cd＞Hg。其中，Cu 的平均含量最高，取值范围为 10～4 822 mg/kg，变化范围较大，变异系数高达 2.25；Zn 取值范围为 43～737 mg/kg，与 Cu 比较变化范围相对较小，变异系数 0.82；Pb 取值范围为 13～327 mg/kg，变化范围相对较小，变异系数为 1.03；Cr 取值范围为 7～163 mg/kg，变化范围最小，取值较为集中，变异系数仅为 0.43；Ni 取值范围为 3～85 mg/kg，变化范围小，仅高于铬，变异系数为 0.47；As 取值范围为 2～314 mg/kg，变化范围大，变异系数为 1.54；Cd 取值范围为 0.05～15 mg/kg，变化范围也较大，变异系数高达 1.58；Hg 的含量最低，取值范围为 0.02～3 mg/kg，变化范围也较大，变异系数最大约为 2.39。进一步，由重金属含量箱式图也可以清晰地反映出上述规律（图 5-3）。

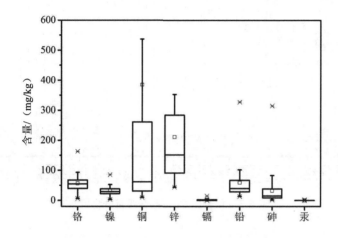

图 5-3　乐安河沉积物重金属含量箱式图

5.2.1.2　重金属形态

乐安河表层沉积物不同形态重金属含量的统计特征详见图 5-4。整体而言，沉积物重金属以残渣态为主要形态，但其中 Cu、Zn 其他形态含量比例也较高，各个重金属不同形态含量占比存在显著差异。

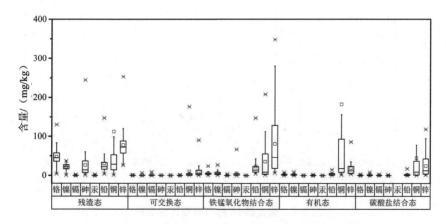

图 5-4　乐安河表层沉积物不同形态重金属含量箱式图

不同重金属的化学形态存在显著性差异，分述如下。

（1）铬（Cr）

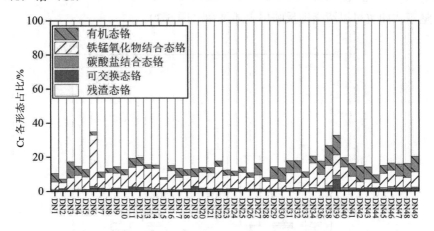

图 5-5 重金属 Cr 形态分级百分含量

由图 5-5 可知，重金属 Cr 主要赋存形态为残渣态，平均含量为 84%，取值范围为 65%～92%，在所有形态中含量占绝对主导地位；铁锰氧化物结合态含量次之，有机态含量再次之，可交换态均值 1.2%，取值范围为 0.1%～7%，碳酸盐结合态含量占比最低，均值为 0.5%，取值范围为 0～2.4%。

（2）镍（Ni）

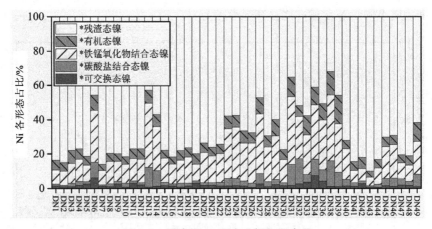

图 5-6 重金属 Ni 形态分级百分含量

由图 5-6 可知，重金属 Ni 主要赋存形态为残渣态，平均含量为 69%，在所有形态中含量占主导地位；铁锰氧化物结合态含量也较高，取值范围为 3%～30%；有机态次之，碳酸盐结合态含量占比较低，可交换态含量占比最低，取值范围为 0.7%～7%。

（3）铜（Cu）

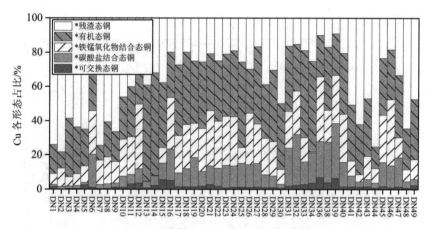

图 5-7 重金属 Cu 形态分级百分含量

重金属 Cu 的分级形态与其他重金属存在显著差别，上述 Cr 和 Ni 主要以残渣态存在，但是 Cu 的残渣态、有机态含量均较高，且两者含量水平相当，铁锰氧化物结合态和碳酸盐结合态含量也较高。

（4）锌（Zn）

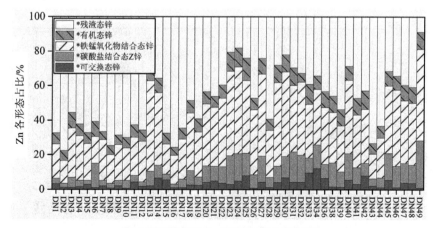

图 5-8 重金属 Zn 形态分级百分含量

由图 5-8 可知，重金属 Zn 的分级形态与 Cu 有相似之处，但是也存在一定差异。Zn 主要以残渣态和铁锰氧化物结合态为主，与 Cu 相比有机态含量较低。具体而言：Cu 的残渣态平均含量最高，其次是铁锰氧化物结合态；碳酸盐结合态和铁锰氧化物结合态的平均含量占比较为接近；可交换态含量占比最低。

（5）镉（Cd）

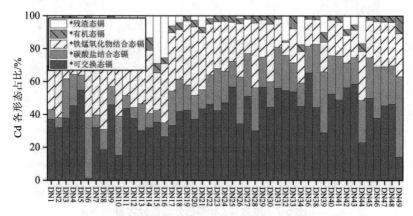

图 5-9　重金属 Cd 形态分级百分含量

由图 5-9 可知，重金属 Cd 的分级形态与其他金属差别较大，其主要分级形态为可交换态，平均含量高达 40%，明显高于其他重金属的可交换态；铁锰氧化物结合态的 Cd 含量占比次之，残渣态和有机态含量最低。

（6）铅（Pb）

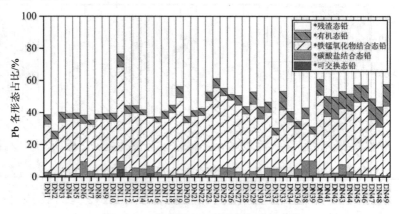

图 5-10　重金属 Pb 形态分级百分含量

由图 5-10 可知，重金属 Pb 的形态分级与 Cr、Ni 类似。其主要赋存形态为残渣态，可交换态含量占比最低。

（7）砷（As）

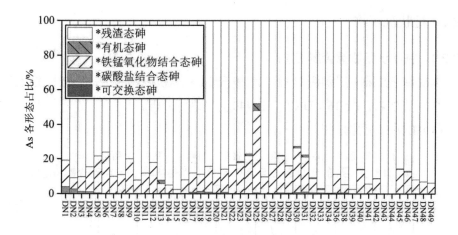

图 5-11 As 形态分级百分含量

由图 5-11 可知，As 的形态分级与 Cr、Ni 类似。其主要赋存形态为残渣态，碳酸盐结合态、有机态及可交换态含量极低。

（8）汞（Hg）

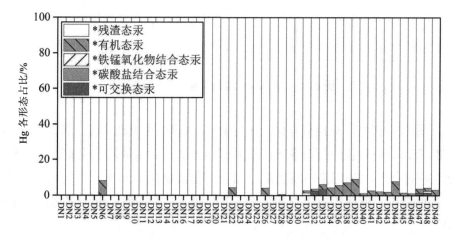

图 5-12 重金属 Hg 形态分级百分含量

由图 5-12 可知，重金属 Hg 的形态分级与 As 更接近。其主要赋存形态为残渣态，在所有形态中含量占绝对主导地位；个别点位能够检测出有机态，平均含量为 1.6%；其他形态含量极低，几乎未检出。

5.2.2 柱状沉积物

5.2.2.1 柱状沉积物重金属汇总

本次调查共采集沉积柱 11 个，其中干流上柱状沉积物 8 个，支流上柱状沉积物 3 个，以 DN3、DN16、DN22、DN40 为例进行分析。

（1）DN3（上游）

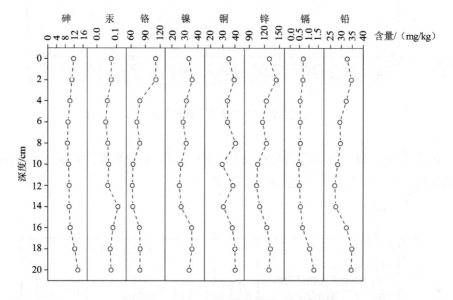

图 5-13　DN3 点位重金属垂向分布特征

由图 5-13 可知，该点位垂向变化与 DN2 规律存在明显差别，重金属表层较高，随深度呈现不同程度的下降趋势。其中，Cu 表层含量最高，随深度逐渐降低，证明沉积过程中，Cu 污染不断加剧。Cd 最高值出现在 2 cm 处，垂向呈现先降低再升高的趋势，证明历史上存在 Cd 污染，此后污染降低，近年来污染有上升趋势。

（2）DN16（中游）

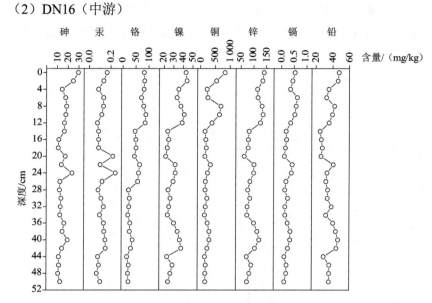

图 5-14　DN16 点位重金属垂向分布特征

由图 5-14 可知，各重金属呈现随深度逐渐降低趋势。其中 Cu 和 Cd 变化都比较明显。

（3）DN22（下游）

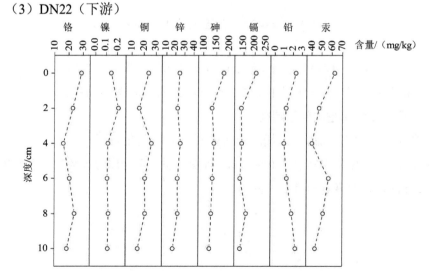

图 5-15　DN22 点位重金属垂向分布特征

由图 5-15 可知，DN22 号点位进入下游，该点位各重金属含量随深度呈现波动下降趋势。其中 Cu 整体呈波动下降趋势，在 2 cm 深处出现低值。Cd 则呈现明显的下降趋势。

（4）DN40（支流）

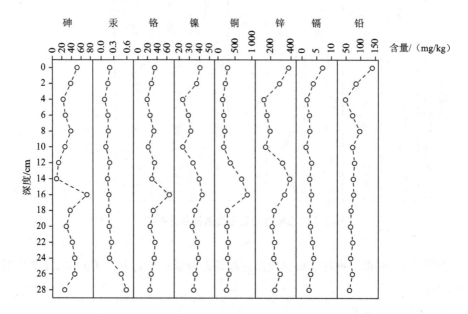

图 5-16　DN40 点位重金属垂向分布特征

由图 5-16 可知，DN40 号点位重金属垂向分布较为均一。Cu 垂向变化较小，仅在 16 cm 处出现高值，Cd 则在表层 2 cm 和 12～14 cm 处出现高值。

5.2.2.2　干流重金属垂向剖面特征

本书还对乐安河干流纵断面重金属垂向分布进行特征分析。

重金属 Cr 主要集中在上游 0～55 km 河段，表层重金属含量较高，主要集中在 3～40 mm，随深度逐渐降低（图 5-17）。

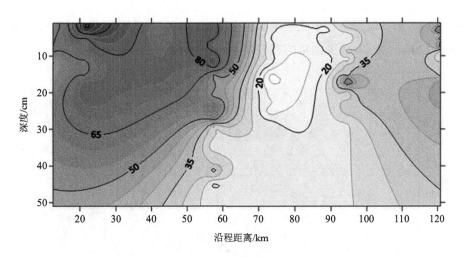

图 5-17 干流纵向剖面 Cr 空间分布

重金属 Ni 主要集中在干流河段上，浓度变化范围较小，含量集中在 20～ 30 mg/kg。高浓度主要集中在表层 25 mm 范围内，随深度有降低趋势（图 5-18）。

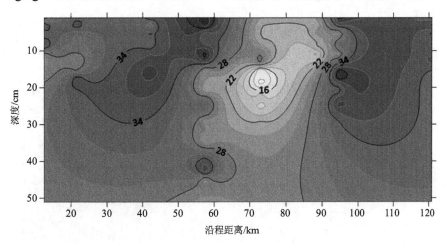

图 5-18 干流纵向剖面 Ni 空间分布

重金属 Cu 的污染空间分布与 Cr 差别较大。Cu 污染主要集中在干流河段下游，共分两段，第一段存于自 DN1 点下游 50～60 km 处，污染主要来自德兴铜矿所在的支流汇入，该段重金属污染主要集中在表层 20 mm 范围内，含量在 150～

350 mg/kg。第二段污染在干流下游 90～120 km 处，污染高值区位于 10～20 mm，最下游 120 km 处 Cu 污染则集中在表层 10～20 mm（图 5-19）。

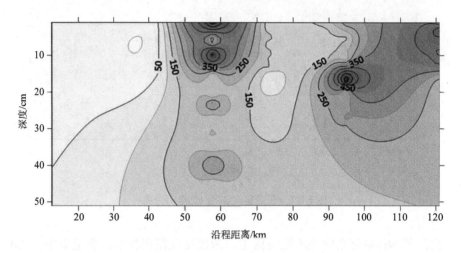

图 5-19　干流纵向剖面 Cu 空间分布

重金属 Zn 的污染空间分布与 Cu 类似，主要集中在干流河段下游 90～120 km 处。垂向污染深度较深，自表层至 40 mm 均存在较高浓度的 Zn 污染（图 5-20）。

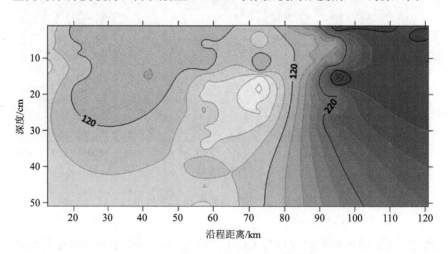

图 5-20　干流纵向剖面 Zn 空间分布

重金属 Cd 的污染空间分布与 Zn 基本一致，主要集中在干流河段下游 90～120 km 处。垂向污染深度较深，自表层至 40 mm 均存在较高浓度的 Cd 污染，含量在 2～3 mg/kg（图 5-21）。

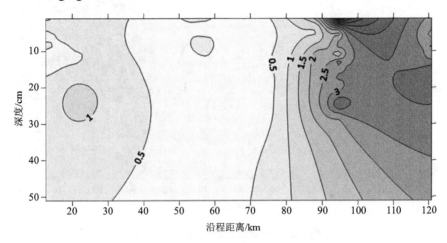

图 5-21　干流纵向剖面 Cd 空间分布

重金属 Pb 的污染空间分布也主要集中在干流河段下游 90～120 km 处。垂向污染深度相对较浅，自表层至 30 mm 存在较高浓度的 Pb 污染，含量在 80～90 mg/kg（图 5-22）。

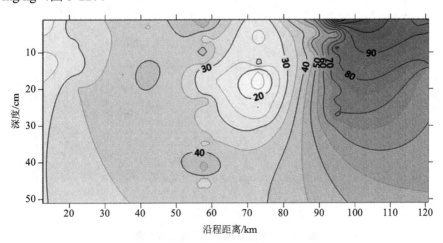

图 5-22　干流纵向剖面 Pb 空间分布

As 的污染空间分布也主要集中在干流河段下游 90～120 km 处，垂向 As 污染深度集中在自表层至 30 mm 范围内，含量在 20～40 mg/kg（图 5-23）。

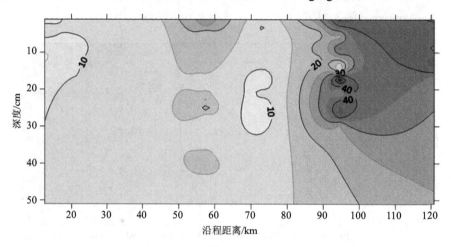

图 5-23　干流纵向剖面 As 空间分布

重金属 Hg 污染主要集中在干流河段下游 80～120 km 处，垂向污染特征与其他重金属存在显著性差异。表层重金属浓度并不高，主要污染层集中在 30～50 mm（图 5-24）。

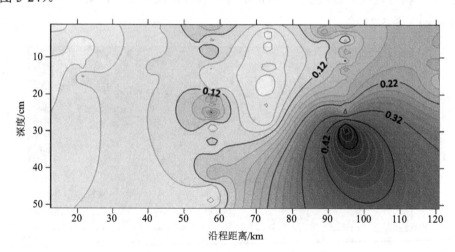

图 5-24　干流纵向剖面 Hg 空间分布

5.3 沉积物重金属来源解析

5.3.1 相关性分析

本书利用 SPSS 软件对沉积物重金属与其他理化指标进行相关分析（表 5-1）。由相关系数可知，重金属 Cr、Ni、Cu 和 Zn 存在显著性相关，其中 Cr 和 Ni 相关系数为 0.86，Cr 和 Cu 相关系数为 0.74。Cd 和 Zn、Pb 存在显著性相关，相关系数为 0.60 和 0.62。相关分析表明，重金属之间相关性存在一定差别，由此初步判断不同重金属来源可能存在差别。

表 5-1 沉积物重金属与其他理化指标的相关分析

	Cr	Ni	Cu	Zn	Cd	Pb	As	Hg	含水量	有机质	CEC
Cr	1	0.864**	0.735**	0.490**	−0.049	0.217	0.217	0.135	0.395**	0.547**	0.529**
Ni	0.864**	1	0.779**	0.647**	0.233	0.402**	0.294*	0.148	0.564**	0.704**	0.662**
Cu	0.735**	0.779**	1	0.470**	0.001	0.220	0.065	−0.018	0.313*	0.441**	0.292*
Zn	0.490**	0.647**	0.470**	1	0.603**	0.843**	0.363*	0.068	0.253	0.464**	0.545**
Cd	−0.049	0.233	0.001	0.603**	1	0.622**	0.247	0.057	0.285	0.226	0.360*
Pb	0.217	0.402**	0.220	0.843**	0.622**	1	0.347*	0.091	0.157	0.282	0.335*
As	0.217	0.294*	0.065	0.363*	0.247	0.347*	1	0.904**	0.070	0.153	0.171
Hg	0.135	0.148	−0.018	0.068	0.057	0.091	0.904**	1	0.042	0.016	0.034
含水量	0.395**	0.564**	0.313*	0.253	0.285	0.157	0.070	0.042	1	0.818**	0.694**
有机质	0.547**	0.704**	0.441**	0.464**	0.226	0.282	0.153	0.016	0.818**	1	0.877**
CEC	0.529**	0.662**	0.292*	0.545**	0.360*	0.335*	0.171	0.034	0.694**	0.877**	1

5.3.2 因子分析及来源解析

本书利用主成分分析法对重金属进行因子分析，共提取 3 个因子。由表 5-2 可知，重金属 Cr、Ni 和 Cu 在因子 1 上具有高载荷，因子 1 定义为 Cu 污染因子。重金属 Zn、Cd 和 Pb 在因子 2 上具有高载荷，因子 2 定义为 Cd 污染因子。As 和 Hg 在因子 3 上具有高载荷，因子 3 定义为 As 污染因子。由此可以进一步判断，乐安河流域重金属来源不具有同源性，其中以 Cu 为代表的重金属（因子 1）来自铜矿开采等人为活动造成的底泥重金属累积污染。而以 Cd 为代表的重金属（因子 2）与 Cu 的来源并不完全相同，存在其他来源的贡献。

表 5-2　因子载荷矩阵

	因子载荷		
	因子 1	因子 2	因子 3
Cr	0.94	0.03	0.12
Ni	0.90	0.29	0.14
Cu	0.91	0.07	−0.06
Zn	0.49	0.82	0.09
Cd	−0.10	0.88	0.06
Pb	0.19	0.89	0.11
As	0.11	0.25	0.95
Hg	0.03	−0.03	0.99

5.4　沉积物重金属吸附特性

河湖沉积物是污染物的内源和内汇，源汇特征取决于污染物在沉积物固相和河湖水相间的分配关系。自然河湖沉积物污染初期，针对某项污染物，沉积物尚未达到其吸附容量，则此时沉积物是污染物的内汇；严重污染的河湖，沉积物已经无法吸附更多的污染物，成为污染物的内源，吸附累积的污染物发生解吸，污染上覆水体，造成水质恶化。

沉积物中吸附各种污染物的主要组分是有机质、黏土矿物和水成矿化物，其中吸附作用主要为表面吸附、离子交换吸附和专属吸附 3 种。

沉积物颗粒物与污染物分子之间的吸附-解吸是一个动态平衡过程，当吸附反应速率低于解吸反应速率时，在整个过程中表现为解吸作用，此时沉积物中的污染物就进入水体，引发二次污染和水质恶化，因此需要更进一步研究水体沉积物对污染物的吸附-解吸作用。

沉积物中污染物在水相及固相间的吸附-解吸作用可以用吸附模型来进行描

述。吸附（absorption）是指在不同相间，即固相-气相、固相-液相、固相-固相、液相-气相、液相-液相等体系中，溶质浓度在两相界面上发生改变的现象。被吸附的物质称为吸附质，具有吸附作用的物质称为吸附剂。吸附量（q）是表征吸附状态的最基本参数。

吸附量与液相溶质浓度和温度有关，在温度一定时，吸附量（q）浓度与液相浓度（c）之间的关系称为吸附等温线（absorption isotherm），吸附等温线是表示吸附性能最常用的方法，吸附等温线的形状能很好地反映吸附剂和吸附质的物理、化学相互作用。

吸附质离开界面引起吸附量减少的现象叫解吸（desorption）。从动力学观点来看，吸附质分子或离子在界面上不断地进行吸附和脱附，当吸附的量和脱附的量在统计学上（时间平均）相等时，或者经过无限长时间也不变化时称作吸附平衡（absorption equilibrium）。在与吸附相同的物理、化学条件下，让被吸附的物质发生解吸，脱附量与吸附量相等即为可逆吸附（reversible adsorption）。吸附特性可以用吸附等温线进行描述。

常见的吸附等温方程如下所述。

（1）Henry 方程

单参数吸附模型即 Henry 方程，表示固相吸附量（W）与液相浓度（c）之间成正比，为线性关系，是吸附特性最简单的表示形式，如式（5-1）所示：

$$q = K_p c \tag{5-1}$$

式中，q 为单位吸附剂质量的吸附量，mg/kg 或 mg/g；c 为溶质的平衡浓度，mg/L；K_p 为吸附常数，该常数即为固液两相间的分配系数。当污染物浓度较低时（稀溶液），可以近似认为吸附过程符合 Henry 吸附。

（2）Freundlich 方程

Freundlich 方程具体如式（5-2）所示：

$$q = K_f c^{1/n} \tag{5-2}$$

式中，K_f 和 $1/n$ 为吸附常数，其中 n 为量纲一系数；其他解释同式（5-1）。取公式两边的对数即可获得直线方程式，根据直线斜率取得 $1/n$，按照 $c=1$ 时的

吸附量求 K_f。

（3）Langmuir 方程

当吸附以单分子层的吸附为主时，可获得 Langmuir 方程，如式（5-3）所示：

$$q = K_a q_s c / (1 + K_a c) \qquad (5\text{-}3)$$

式中，q_s 为饱和吸附量；K_a 为吸附平衡常数；其他解释同上。对稀溶液，由于 $K_a C \ll 1$，则式可以近似表达为 $W = K_a W_s C$，方程形式与 Henry 公式相一致，吸附量与溶液浓度之间均呈线性关系。

（4）改进型 Langmuir 方程

为进一步改善数据拟合效果，提出改进型 Langmuir 方程，如式（5-4）所示：

$$q = K_a q_s c^{1-n} / (1 + K_a c^{1-n}) \qquad (5\text{-}4)$$

式中，n 为指数参数；其他解释同上。

以下分析中均采用 Langmuir 方程进行拟合。

5.4.1 沉积物重金属吸附特性实验方案

（1）沉积柱及重金属指标选取

为研究主要污染河段沉积物吸附特性，论证沉积物清淤方案，本书选取典型沉积柱开展重金属吸附实验（表 5-3）。

表 5-3 沉积柱重金属吸附实验点位具体情况

沉积柱点位	所属河段	沉积柱长度/cm	典型重金属指标	分层情况	备注
DN22	乐安河干流	10	Cu、Zn、Pb、Cd	2 层，6 cm 一层： 1～6 cm 7～10 cm	参照乐安河沉积物重金属污染特征及风险结果选取重金属指标： （1）铜、锌含量最高 （2）铅、镉超标较为严重
DN26	洎水	24	Cu、Zn、Pb、Cd	4 层，6 cm 一层： 1～6 cm 7～12 cm 13～18 cm 19～24 cm	

沉积柱点位	所属河段	沉积柱长度/cm	典型重金属指标	分层情况	备注
DN40	乐安河干流	30	Cu、Zn、Pb、Cd	5 层，6 cm 一层： 1～6 cm 7～12 cm 13～18 cm 19～24 cm 25～30 cm	
DN46	乐安河干流	24	Cu、Zn、Pb、Cd	4 层，6 cm 一层： 1～6 cm 7～12 cm 13～18 cm 19～24 cm	

（2）实验方案

沉积物风干研磨过筛（100 目）。将厚度为 6 cm 的沉积柱样品充分混合，采用四分法选取 1 份开展吸附实验。具体步骤如下：称取 0.25 g 样品加入 50 cm 离心管，加入 25 mL（水土比 100∶1）配制的不同梯度的铜、锌、铅及镉混合溶液（表 5-4），放置于恒温振荡器上在 25℃条件下振荡 24 h，保证达到吸附平衡。3 000 r/min 速度离心分离，取上清液过滤（0.25 μm 滤膜）保存。采用 ICP-OES 分析重金属浓度。根据溶液中重金属浓度及初始浓度，确定沉积物固相吸附浓度，选取改进型 Langmuir 吸附等温线利用 Origin 软件进行参数拟合。

表 5-4　吸附实验溶液梯度　　　　　　　　　单位：mg/L

指标	梯度						
	A（空白）	B	C	D	E	F	G
Cu	0	30	50	100	150	300	500
Zn	0	30	50	100	150	300	500
Pb	0	30	50	100	150	300	500
Cd	0	20	20	30	50	70	100

5.4.2 柱状沉积物重金属吸附特性

整体而言,四个沉积柱对 Cu 的吸附容量变化范围在 673～1 663 mg/kg。其中,点位 DN22 吸附容量相对较小，DN26、DN40 和 DN46 吸附容量则相对较高。

以 DN22、DN26 各层重金属铜吸附特性为例，重金属 Cu 吸附特性如图 5-25～图 5-30 所示。

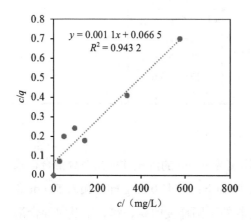
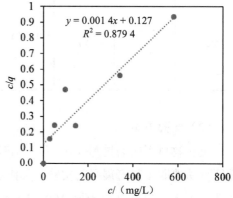

图 5-25　DN22 点位 1～6 cm Cu 吸附特性 　　图 5-26　DN22 点位 7～10 cm Cu 吸附特性

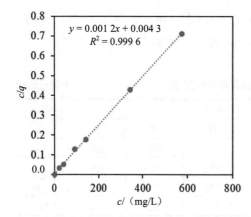
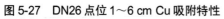
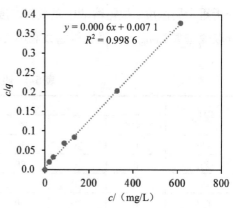

图 5-27　DN26 点位 1～6 cm Cu 吸附特性 　　图 5-28　DN26 点位 7～12 cm Cu 吸附特性

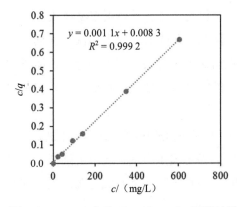
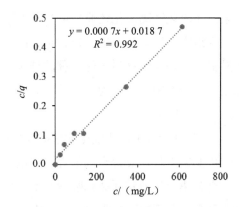

图 5-29　DN26 点位 13～18 cm Cu 吸附特性　　图 5-30　DN26 点位 19～24 cm Cu 吸附特性

5.4.3　环境条件变化下沉积物重金属释放可能性分析

Tessier 化学连续提取法将沉积物重金属定义为如下几个形态：可交换态（F1，Exchangeable Fraction）：指交换吸附在沉积物上的黏土矿物及其他成分（如氢氧化铁、氢氧化铁锰腐殖质上吸附的重金属），对环境变化非常敏感，易于迁移转化，能被植物吸收。由于水溶态的金属浓度常低于仪器的检出限，因此普遍将水溶态和可交换态合起来计算，也称作水溶态和可交换态。可交换态重金属反映人类近期排污的影响以及对生物的毒性作用。

碳酸盐结合态（F2，Carbonate-Bound Fraction）：指碳酸盐沉淀结合的一些重金属。对土壤环境条件特别是 pH 最敏感，当 pH 下降时易重新释放出来而进入环境中；相反，pH 升高有利于碳酸盐的生成。

铁锰水合氧化物结合态（F3，Fe-Mn Oxides-Bound Fraction）：此形态重金属一般是以矿物的外囊物和细分散颗粒存在，活性的铁锰水合氧化物比表面积大，吸附或共沉淀阴离子而形成。沉积物中氧化还原条件的变化对铁锰水合氧化物结合态有重要影响，氧化还原电位较高时，有利于铁锰水合氧化物的形成；氧化还原电位较低时，有利于铁锰水合氧化物重金属的释放。

有机物和硫化物结合态（F4，Organic-Bound Fraction）：亦即有机物结合态，指颗粒物中的重金属以不同形式进入或包裹在有机质颗粒上同有机质螯合等或生成硫化物。有机结合态重金属反映水生生物活动及人类排放富含有机物的污水的结果。在氧化（高氧化还原电位）条件下，有机物结合态重金属较易释放。

残渣态（F5，Residual Fraction）：一般存在于硅酸盐、原生和次生矿物等土壤晶格中，是自然地质风化过程的结果。在自然界正常条件下不易释放，能长期稳定在沉积物中，不易为植物吸收。残余态的重金属主要受矿物成分及岩石风化和土壤侵蚀的影响。

其中，F1～F4 在环境化学指标变化条件下存在释放风险，具体如下述。

可交换态释放受控于固液界面浓度变化，当上覆水中重金属浓度降低，则吸附的重金属会释放重新达到吸附平衡，此时沉积物吸附重金属成为源；当上覆水浓度升高，沉积物吸附重金属成为汇。

碳酸盐结合态受控与水体 pH 变化，酸性条件下（pH 低于 5.0）该部分重金属迁移能力增强，会大量释放到水体中；中碱性条件下不易释放。

铁锰水合氧化物结合态受控于氧化还原条件变化，水体处于还原条件下，铁锰被还原为二价，束缚的重金属随之释放，造成潜在污染；在氧化条件下不易释放，较为稳定。

有机物结合态同样受控于氧化还原条件，在氧化条件下，有机物氧化释放重金属，成为潜在释放源。但是由于沉积物中有机质多为腐殖质等，抗氧化能力较强，仅在强氧化条件下会大量释放，一般好氧条件下释放速度较为缓慢，不构成重要的释放源。

据此，结合乐安河水化学、沉积物等温吸附特性及沉积物重金属形态分级，分别考虑环境条件下变化下重金属释放潜力。

5.4.3.1 可交换（吸附）重金属释放潜力

根据吸附理论，一定温度下，水相及沉积物固相会达到吸附平衡。固相及液相浓度由等温吸附方程描述。根据前文获得的 Cu、Zn、Pb 的等温吸附方程，计算得到现状沉积物重金属可交换态含量现状下，平衡时水溶解态重金属浓度。发现除个别污染严重的点位以外，其余点位在现状条件下，沉积物重金属的释放不会造成地表水污染。

5.4.3.2 碳酸盐结合态重金属释放潜力

地表水 pH 变化条件下，沉积物碳酸盐结合态重金属存在释放可能，根据碳酸盐结合态分析条件，即在 pH=5.0 左右提取该形态，此处设定 pH=6.0 为释放阈值。经分析，乐安河德兴段全部 133 个地表水监测点位中，仅有 4 个点位 pH 低于 6.0，占比约为 3%（图 5-31）。

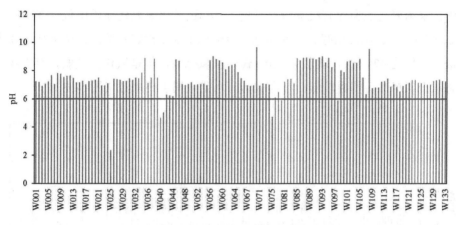

图 5-31　乐安河地表水 pH

5.4.3.3　铁锰结合态重金属释放潜力

地表水进入还原条件会导致铁锰结合态重金属释放。一般认为，溶解氧（DO）低于 2 mg/L 则水体进入厌氧状态，铁锰水合氧化物还原导致重金属释放。据此取 DO=2 mg/L 为释放阈值。乐安河德兴段全部 133 个地表水监测点位 DO 含量均高于 2 mg/L，均值为 3.94 mg/L。现状条件下，铁锰结合态重金属释放可能性较低，不会成为河水重金属主要来源（图 5-32）。

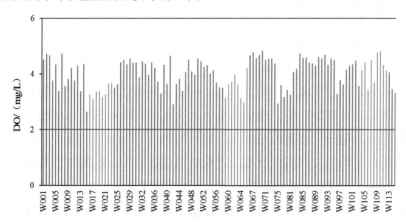

图 5-32　乐安河地表水溶解氧（DO）

5.4.3.4   有机物结合态重金属释放潜力

地表水进入强氧化条件会导致有机物结合态重金属释放。重金属形态分级测试中，采用氧化还原对有机物进行消解。30%过氧化氢氧化还原电位（ORP）约为 2 800 mV，氧化性极强。乐安河德兴段全部 133 个地表水监测点位氧化还原电位最大值仅为 429 mV，均值为 255 mV，呈氧化性，但是氧化性较弱，有机物结合态重金属释放可能性较低，不会成为河水重金属主要来源（图 5-33）。

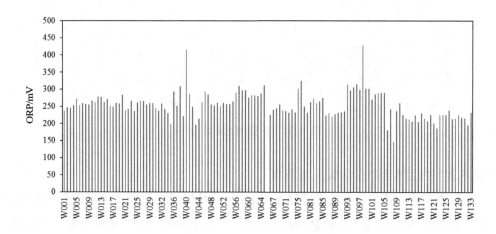

图 5-33   乐安河地表水氧化还原电位

5.4.4   水动力环境及沉积物粒度分析

5.4.4.1   水动力环境分析方法

沉积物颗粒参数分析目前主要运用的方法有图解法和矩法两种。图解法是基于粒度分析所得的结果制作成累积曲线，从曲线上获取某些具有代表性的累计百分数所对应的颗粒进行参数分析。矩法则是将表层沉积物样品的平均粒径、分选系数、偏态值、峰态值分别定义为粒度分布的一阶矩、二阶矩、三阶矩和四阶矩函数。相比矩法，图解法表现出精度高、直观性强的特点。比较常用的图解法分类方案包括：Shapard 分类、Folk Andrews、Lewis 分类和 Pejrup 分类。其中，Pejrup分类和之前的分类方法十分相似，但在分类思想上有着相当大的不同，其方法有重要的成因意义和显著的解释功能，对区域水动力环境及沉积物粒度分析有相当好的分辨能力。

Pejrup 分类方法由丹麦学者于 1988 年提出，先以砂百分含量的 10%、50%、90%将沉积物中砂分为 A、B、C、D 4 组，不同组反映不同的沉积物基本粒度组成和分选程度，进而反映介质的流动强度和浑浊度，砂的含量越大，介质的流动强度越大；然后以黏土/（粉砂+黏土）的百分比 20%、50%、80%为结构分类线将沉积物分为 I、II、III、IV 四类，不同类型反映的介质扰动不同，I 类表示悬浮组分主要为黏土，环境对其扰动较小，IV 类表示悬浮组分主要为粉砂，环境对其扰动较大，II 类、III 类介于两者之间，从 I 类到 IV 类，反映的水动力作用依次增强，其中砂的粒径为大于 63 μm、黏土是只粒径小于 4 μm 的颗粒，而粉砂则为粒径 4～63 μm 的颗粒。按照上述方法和原理将砂-粉砂-黏土三角图划分为 16 个区，分别代表相应的沉积动力环境。

5.4.4.2　沉积动力环境分区

将研究区域沉积物粒度参数点绘于 Pejrup 中，如图 5-34 所示，从 Pejrup 三角图投点结果可以看出，所有点均落在 III 区、IV 区，说明乐安河流域（德兴段）河流的水动力条件总体较强，其中 5 个体泉水样本中有 4 个样品落在 A 区附近，比较接近于砂区，代表体泉水所处的沉积区的流速较大，从而介质运动强度较大；大部分乐安河干流沉积物参数分布于 IV 区，靠近粉砂端，说明乐安河干流水动力作用较强，是研究区内沉积动力较强的区域。富春江水干流唯一采样点处于 AIV 区，说明富春江干流沉积区的流速较快，介质运动强度较大，不利于颗粒物沉降。泊水河沉积物参数主要分布于 BIV 区和 DIII 区，表明泊水河上游沙泥土比相对较高，粉砂黏土比相对较低，水动力环境相对较强。富家坞矿小溪水、长乐水、建节水和市区内排污水沉积物参数区域类似，主要分布于 CIII 区、DIII 区，该区域砂泥比和粉砂黏土比均低，沉积颗粒相对较细，反映相对较弱的水动力环境。

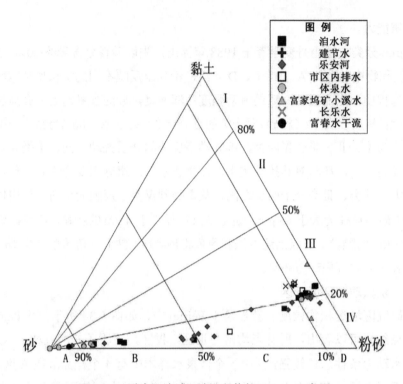

图 5-34 乐安河流域河流沉积物的 Pejrup 三角图

5.5 河流沉积对重金属蓄积的影响分析

5.5.1 点位布设

根据乐安河干流沉积物重金属污染空间的分布规律，结合河流沉积特性，在泊水下游汇入乐安河干流处选取点位，乐安河泊水汇入前及汇入后选取剖面采取柱状沉积物分析河流沉积规律及重金属污染特征。

在三个点位分别位于河流主槽（丰水季及枯水季均处于淹没状态）、河漫滩（丰水季淹没）及河流一级阶地（无淹没，以开垦为农田）采取柱状沉积物，长度为 80～100 cm，分析重金属总量及分级形态特征。其中主槽样品代表年尺度沉积结果，河漫滩样品代表丰水季沉积结果，一级阶地代表周边土壤背景（图 5-35）。

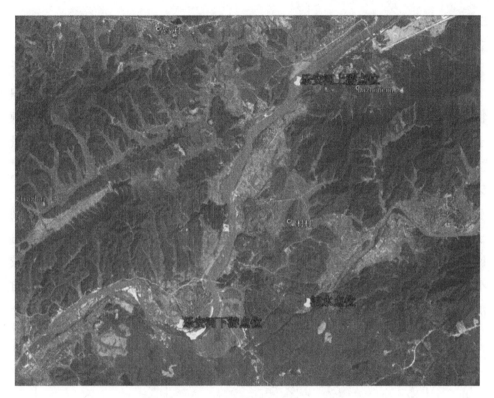

图 5-35　乐安河柱状沉积物加密采样点位分布

5.5.2　结果分析

由前文表层沉积物重金属相关分析可知，重金属 Cr、Ni、Cu 和 Zn 存在显著性相关；Cd 和 Zn、Pb 存在显著性相关。两组重金属可能存在不同的来源。进一步利用主成分分析法分析重金属 Cr、Ni 和 Cu 在因子 1 上具有高载荷，因子 1 定义为 Cu 污染因子。重金属 Zn、Cd 和 Pb 在因子 2 上具有高载荷，因子 2 定义为 Cd 污染因子。重金属 As 和 Hg 在因子 3 上具有高载荷，因子 3 定义为 As 污染因子。即将重金属污染分位三组，第一组为 Cr、Ni 和 Cu；第二组为 Zn、Cd 和 Pb；第三组为 As 和 Hg。下文分组讨论沉积过程与重金属污染的关系。

5.5.2.1 Cr、Ni 和 Cu 的沉积累积特性

5.5.2.1.1 Cr 沉积累积特性

乐安河干流在泊水汇入上游、汇入下游及泊水出口处沉积物柱状（以下简称沉积柱）重金属 Cr 污染较轻，重金属总量略高于土壤背景值（48 mg/kg）。沉积物中生物有效性重金属含量占比较低，主要以残渣态为主，证明重金属主要来源于土壤本身，外源输入污染负荷较小。同时主槽 Cr 含量与河漫滩及一级阶地含量接近，进一步证明土壤中 Cr 主要来自洪泛输入（图 5-36～图 5-38）。

5.5.2.1.2 Ni 沉积累积特性

乐安河干流在泊水汇入上游、汇入下游及泊水出口处沉积柱重金属 Ni 总量高于土壤背景值（19 mg/kg），但整体污染较轻。沉积物中生物有效性重金属含量占比较低，主要以残渣态为主，证明重金属来源于土壤背景，外源输入污染负荷较小。同时主槽中 Ni 含量与河漫滩及一级阶地含量接近，进一步证明 Ni 主要来自洪泛输入（图 5-39～图 5-41）。

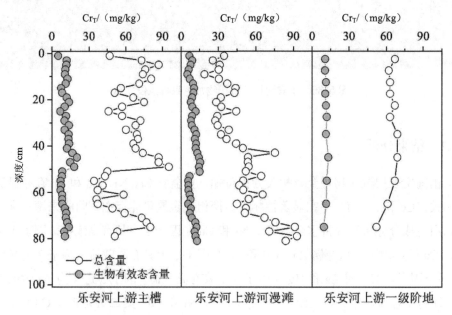

图 5-36　乐安河上游主槽、河漫滩及一级阶地沉积物 Cr 的垂向分布

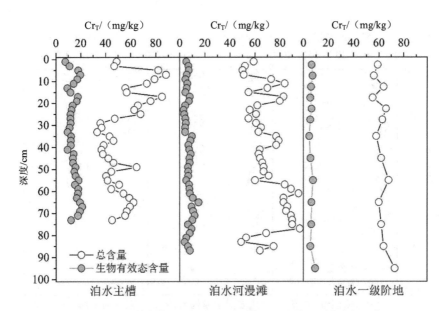

图 5-37　泊水主槽、河漫滩及一级阶地沉积物 Cr 的垂向分布

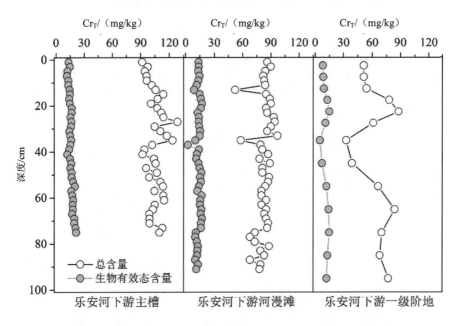

图 5-38　乐安河下游主槽、河漫滩及一级阶地沉积物 Cr 的垂向分布

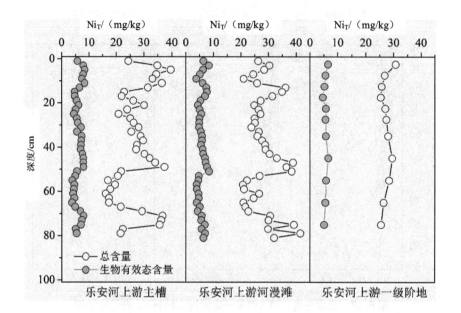

图 5-39   乐安河上游主槽、河漫滩和一级阶地沉积物 Ni 的垂向分布

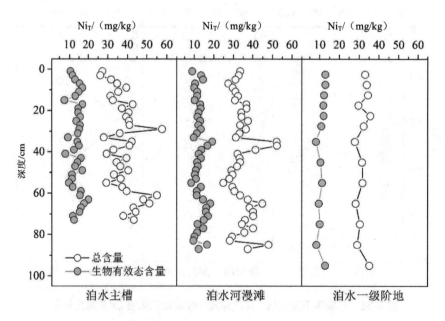

图 5-40   泊水主槽、河漫滩和一级阶地沉积物 Ni 的垂向分布

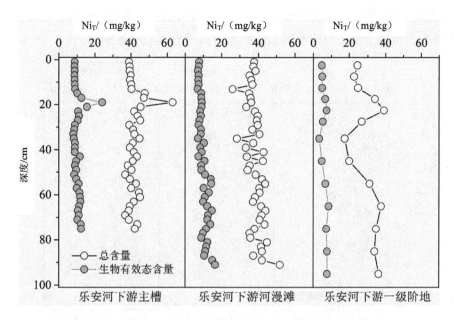

图 5-41　乐安河下游主槽、河漫滩和一级阶地沉积物 Ni 的垂向分布

5.5.2.1.3　Cu 沉积累积特性

乐安河干流在泊水汇入上游、汇入下游及泊水出口处沉积柱重金属 Cu 是土壤背景值（20.8 mg/kg）的 5～10 倍，污染严重。沉积物中生物有效性重金属含量占比高于 90%，潜在生态风险高，也证明外源输入污染负荷较大。

进一步对比主槽、河漫滩及一级阶地 Cu 含量剖面特征存在显著差异。泊水汇入干流的上游断面，主槽和河漫滩 Cu 垂向呈波动性变化，并在 0～20 cm 处呈上升趋势，证明近年来泊水汇入的上游流域 Cu 污染程度呈上升趋势。

泊水出口断面主槽和河漫滩 Cu 垂向剖面特征与其汇入上游断面差异明显，呈多峰分布。其中，受取样深度影响，主槽呈单峰分布，在 25 cm 处 Cu 含量高达 800 mg/kg，是背景值的 40 倍。河漫滩取样深度较深，呈双峰分布，在 25 cm 和 85 cm 处存在两个峰值，峰值含量达 1 200 mg/kg。由此表明泊水河流域存在两次非常严重的 Cu 污染事件。同时对比主槽和河漫滩含量，发现河漫滩含量高于主槽，证明泊水沉积物 Cu 污染丰水季高于枯水季。

泊水汇入乐安河干流后的下游断面受到泊水污染输入的显著影响。对比主槽、河漫滩垂向分布特点，发现主槽在 25 cm 处出现峰值；河漫滩受到的影响则较小，垂向平均含量与上游未受泊水污染的断面一致（图 5-42～图 5-44）。

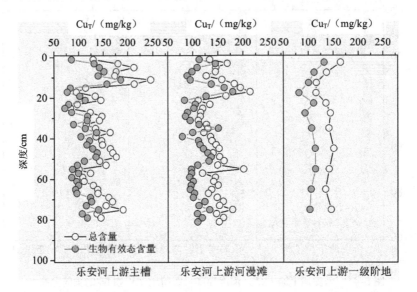

图 5-42　乐安河上游主槽、河漫滩和一级阶地沉积物 Cu 的垂向分布

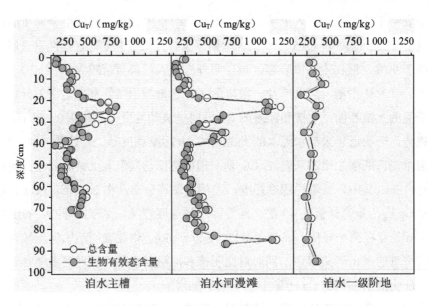

图 5-43　泊水主槽、河漫滩和一级阶地沉积物 Cu 的垂向分布

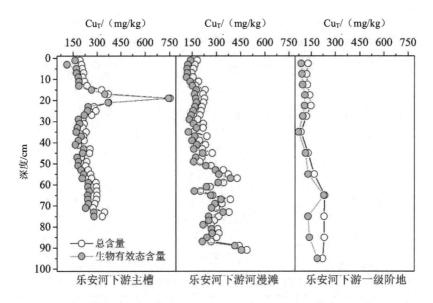

图 5-44　乐安河下游主槽、河漫滩和一级阶地沉积物 Cu 的垂向分布

5.5.2.2　Pb、Zn 和 Cd 的沉积累积特性

5.5.2.2.1　Pb 沉积累积特性

乐安河干流在泪水汇入上游、汇入下游及泪水出口处沉积柱重金属 Pb 空间分布存在显著差异。

乐安河干流在泪水汇入上游断面，Pb 含量略高于土壤背景值，污染较轻。沉积物中生物有效性重金属含量约占比 50%，由于总含量较低，潜在生态风险较小（图 5-45～图 5-47）。

泪水出口断面 Pb 含量较高，是背景值的 4 倍左右，且生态有效性 Pb 占比较高，污染较为严重。垂向剖面随深度呈升高趋势，证明泪水河流域 Pb 污染近年来呈下降趋势。横向对比发现主槽 Pb 含量低于河漫滩，证明 Pb 污染与 Cu 类似，沉积物重金属污染丰水季高于枯水季。

泪水汇入后的下游断面 Pb 含量高于泪水汇入上游，但低于泪水断面，总含量是背景值的 1.5 倍。泪水汇入污染对下游有一定影响。横向对比，发现主槽和河漫滩含量均高于一级阶地，进一步证明泪水对下游 Pb 污染造成影响。

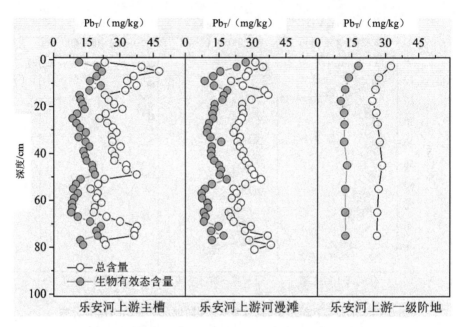

图 5-45　乐安河上游主槽、河漫滩和一级阶地沉积物 Pb 的垂向分布

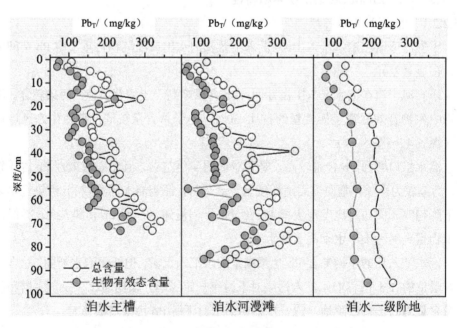

图 5-46　泊水主槽、河漫滩和一级阶地沉积物 Pb 的垂向分布

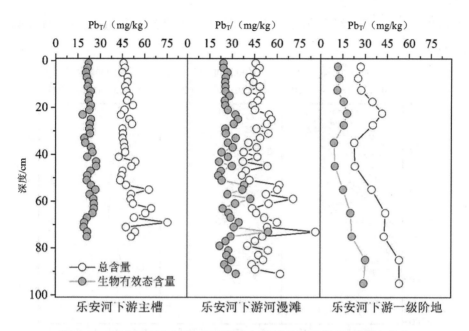

图 5-47 乐安河下游主槽、河漫滩和一级阶地沉积物 Pb 的垂向分布

5.5.2.2.2 Zn 沉积累积特性

乐安河干流在泪水汇入上游、汇入下游及泪水出口处沉积柱重金属 Zn 空间分布存在显著差异。

乐安河干流在泪水汇入上游断面，Zn 含量约高于土壤背景值 3 倍，污染较为严重。其沉积物重金属含量随深度变浅呈波动上升趋势，在 10 cm 和 50 cm 处达到峰值，证明上游存在两次较大的 Zn 污染事件，至表层 Zn 含量降低。横向对比，河漫滩及河槽 Zn 垂向剖面变化特征相一致，进一步证明丰水季污染较为严重。

泪水出口断面沉积物 Zn 污染严重，含量为背景值的 4~10 倍，且生态有效性 Zn 占比较高，主要来自外源输入。垂向剖面随深度呈升高趋势，与干流汇入的上游断面变化趋势相反，证明泪水流域 Zn 污染近年来呈下降趋势。横向对比发现主槽 Zn 含量略低于河漫滩，证明 Pb 污染与 Cu 类似，沉积物重金属污染丰水季高于枯水季。

泪水汇入后的下游断面 Zn 含量高于泪水汇入上游，但低于泪水断面，总含量是背景值的 3~4 倍。泪水汇入污染对下游有一定影响。横向对比，发现主槽和河漫滩含量均高于一级阶地，进一步证明泪水对下游 Zn 污染造成影响（图 5-48～图 5-50）。

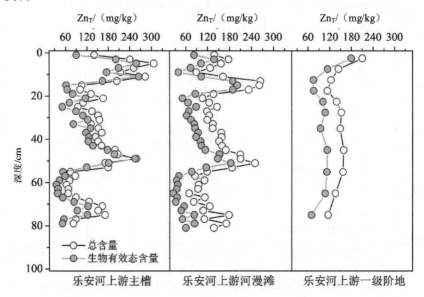

图 5-48　乐安河上游主槽、河漫滩和一级阶地沉积物 Zn 的垂向分布

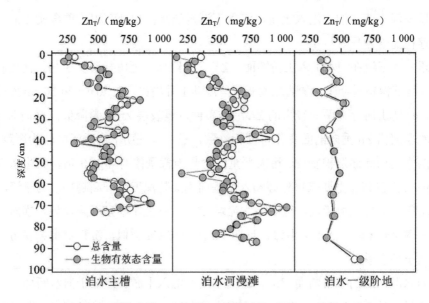

图 5-49　泪水主槽、河漫滩和一级阶地沉积物 Zn 的垂向分布

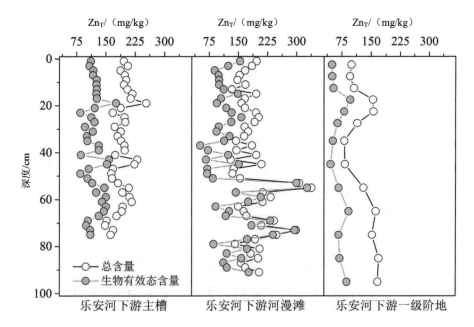

图 5-50　乐安河下游主槽、河漫滩和一级阶地沉积物 Zn 的垂向分布

5.5.2.2.3　Cd 的沉积累积特性

乐安河干流在洎水汇入上游、汇入下游及洎水出口处沉积柱重金属 Cd 空间分布存在显著差异。

乐安河干流在洎水汇入上游断面，Cd 含量为土壤背景值的 5～10 倍，污染较为严重。其沉积物重金属含量随深度变浅呈波动降低趋势，证明上游 Cd 污染逐年减轻。横向对比，河槽 Cd 浓度高于河漫滩，证明 Cd 主要来自枯水季污染（图 5-51）。

洎水出口断面沉积物 Cd 含量极高，是背景值的 50～100 倍，且生态有效性 Cd 大于 90%，主要来自外源输入。垂向剖面随深度变浅呈缓慢降低趋势，证明洎水 Cd 污染有减轻的趋势，但整体污染较为严重。横向对比发现主槽和河漫滩 Cd 含量在剖面上 60～65 cm 处出现峰值，证明洎水曾存在至少一次较为严重的 Cd 污染事件。

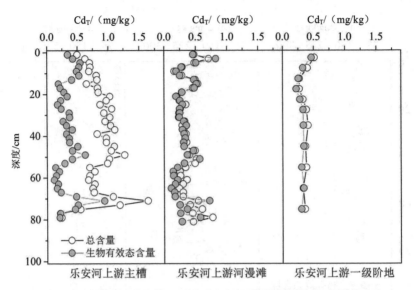

图 5-51 乐安河上游主槽、河漫滩和一级阶地沉积物 Cd 的垂向分布

泊水汇入后的下游断面 Cd 含量显著升高，为背景值的 40～60 倍，但低于泊水断面。泊水汇入污染对下游有一定影响。横向对比，发现主槽和河漫滩含量均高于一级阶地，进一步证明泊水对下游 Cd 污染造成影响（图 5-52～图 5-53）。

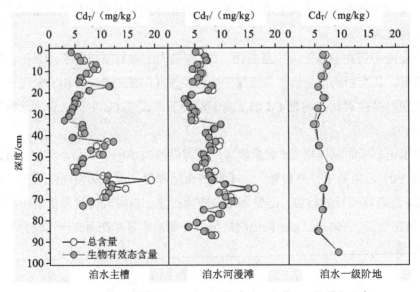

图 5-52 泊水主槽、河漫滩和一级阶地沉积物 Cd 的垂向分布

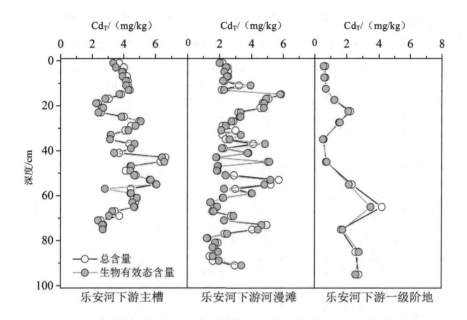

图 5-53　乐安河下游主槽、河漫滩和一级阶地沉积物 Cd 的垂向分布

5.5.2.3　As 和 Hg 的沉积累积特性

5.5.2.3.1　As 的沉积累积特性

乐安河干流在洎水汇入上游、汇入下游及洎水出口处沉积柱 As 空间分布存在显著差异。

乐安河干流在洎水汇入上游断面，As 含量为土壤背景值的 1.5～2 倍，污染较轻。其沉积物重金属含量随深度呈波动状态，无明显升高和降低趋势，证明上游 As 污染外源输入较为稳定。横向对比，发现主槽、河漫滩及一级阶地 As 浓度变化不大。

洎水出口断面沉积物 As 含量极高，是背景值的 50～100 倍，且生态有效性 As 大于 90%，主要来自外源输入。垂向剖面随深度变浅呈缓慢降低趋势，证明洎水中 As 污染有减轻的趋势，但整体污染较为严重。横向对比发现主槽和河漫滩 As 含量在剖面上 60～65 cm 处出现峰值，证明洎水至少存在一次较为严重的 As 污染事件。

洎水汇入后的下游断面 As 含量显著升高，为背景值的 40～60 倍，但低于洎水断面。洎水汇入污染对下游有一定影响。横向对比，发现主槽和河漫滩含量均高于一级阶地，进一步证明洎水对下游 As 污染造成影响（图 5-54～图 5-56）。

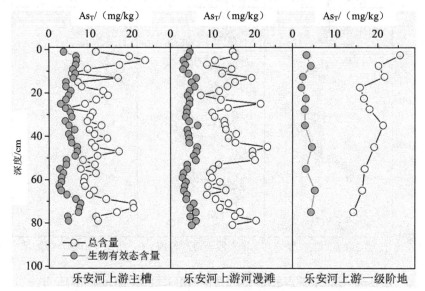

图 5-54　乐安河上游主槽、河漫滩和一级阶地沉积物 As 的垂向分布

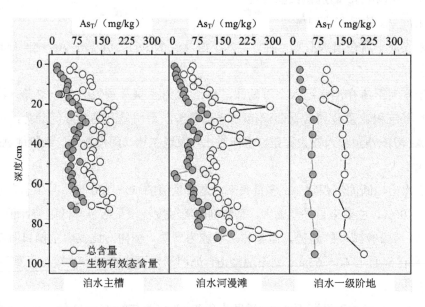

图 5-55　洎水主槽、河漫滩和一级阶地沉积物 As 的垂向分布

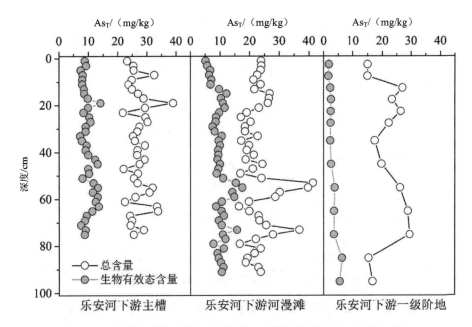

图 5-56　乐安河下游主槽、河漫滩和一级阶地沉积物 As 的垂向分布

5.5.2.3.2　Hg 的沉积累积特性

乐安河干流在洎水汇入上游、汇入下游及洎水出口处沉积柱 Hg 空间分布存在显著差异。

乐安河干流在洎水汇入上游断面，Hg 含量接近土壤背景值，不存在污染。其沉积物重金属含量随深度呈波动状态，无明显升高和降低趋势。横向对比，发现主槽、河漫滩及一级阶地 Hg 浓度变化不大。

洎水出口断面沉积物 Hg 含量较高，是背景值的 3～5 倍，但生态有效性 Hg 占比较低，潜在生态风险较小。

洎水汇入后的下游断面 Hg 含量有一定升高趋势，但整体含量较低，且生物有效性重金属含量低，潜在生态风险也较低（图 5-57～图 5-59）。

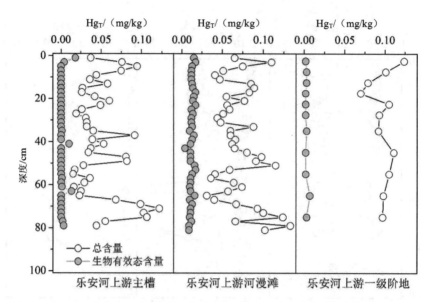

图 5-57　乐安河上游主槽、河漫滩和一级阶地沉积物 Hg 的垂向分布

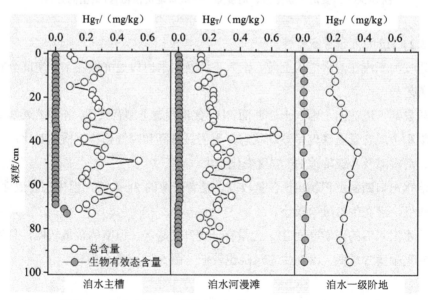

图 5-58　泊水主槽、河漫滩和一级阶地沉积物 Hg 的垂向分布

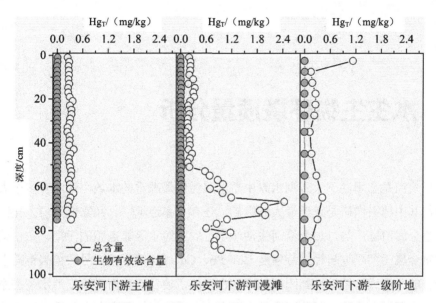

图 5-59　乐安河下游主槽、河漫滩和一级阶地沉积物 Hg 的垂向分布

6 水生生物环境质量分析

乐安河是鄱阳湖五大入湖水系中重金属污染最严重的水域，沿河有多个大型矿山，其中德兴铜矿是亚洲最大的铜矿，还有一家造纸厂、几家制药厂、化工厂和有色金属冶炼厂等，加上沿河生活污水、农业污水等非点源的污染，致使该河流的重金属污染严重超标，特别是 Cu、Pb、Cd、Zn 等元素。导致德兴铜矿下游多个村的良田成为荒地，鄱阳湖的底泥也受到了波及，从而对乐安河水生态系统健康造成了潜在威胁，因此开展乐安河水生态系统变化研究有十分重要的意义。

已有研究表明，乐安河受采矿影响，水生态系统发生了显著变化。

（1）藻类污染指示性研究

受采矿影响，河段硅藻物种丰度显著下降，指示性生物主要以微绿舟形藻（*N.viridula*）和钝脆杆藻（*F.capucina*）（河流重金属 Cu 污染指示物种）、极小曲壳藻（*A.minutissima*）和近小头羽纹藻（*P.subcapitata*）（河流重金属 Pb 污染的指示物种）、谷皮菱形藻（*N.palea*）和小形异极藻（*G.parvulum*）（河流重金属 Cd 污染的指示物种）、肘状针杆藻（*S.ulna*）和偏肿桥湾藻（*C.ventricosa*）（河流重金属 Zn 污染的指示物种）为主。

（2）大型水生植物体内重金属富集现象明显

乐安河水生植物对 Cu、Pb、Zn 都有不同程度的富集作用，植物对 Cu 的平均富集能力相对较强，从沽口和中洲至香屯，甚至戴村一带污染区的河滩上大多数植物中的重金属富集含量明显增加。

（3）浮游藻类、浮游动物和底栖动物均受到不同程度的污染

浮游动物的种类和数量与水质密切相关，沽口仅见 7 种原生动物，与海口相比有很大的锐减，中洲也只有 11 种原生动物，至香屯和戴村达到最低，至虎山开始恢复，到蔡家湾，种类已完全恢复，但甲壳类种类仍少于上游海口点位；浮游

植物的种类从海口至龙口变化不大，在污染区沽口至戴村较低，但浮游植物数量变化很大，相对未污染区海口和韩家渡以下的下游水域，污染区的浮游植物数量较低，其分布和数量变化反映出了乐安河水质的变化；沽口以上的河段尚能采集到底栖动物（26 种），包括部分对溶氧较为敏感的螺蚌类以及摇蚊类的某些种类（如短沟蜷、隐摇蚊和摇蚊幼虫）等。

6.1 调查结果及评价

6.1.1 大型底栖动物群落结构组成

2019 年 5 月（春季）在乐安河（德兴段）采集大型底栖动物个体数共计 1 139 个，隶属于 4 门 8 纲 36 科。其中，扁形动物门 1 种（1%），环节动物门 4 种（5%），软体动物门 15 种（18%），节肢动物门 65 种（76%）[图 6-1（a）]。优势物种为闪蚬（*Corbiculanitens*）（*Y*=0.03）、琵琶拟沼螺（*Assiminealutea*）（*Y*=0.02）、*Ordobreviaamamiensis*（*Y*=0.02）和红锯形蜉（*Serratellarufa*）（*Y*=0.02），如表 6-1 所示。

表 6-1 乐安河大型底栖动物优势种

调查时间	物种	优势度/*Y*
5 月	闪蚬（*Corbiculanitens*）	0.030 7
	琵琶拟沼螺（*Assiminealutea*）	0.020 7
	Ordobrevia amamiensis	0.020 4
	红锯形蜉（*Serratellarufa*）	0.020 8
10 月	闪蚬（*Corbiculanitens*）	0.023
	琵琶拟沼螺（*Assiminealutea*）	0.022
	毛头纹石蛾（*Hydropsycheorientails*）	0.022

2019 年 10 月（秋季）在乐安河（德兴段）采集大型底栖动物个体共计 1 538 个，隶属于 4 门 7 纲 34 科 106 个分类单元。其中，扁形动物门 1 种（0.94%），环节动物门 5 种（4.72%），软体动物门 26 种（24.53%），节肢动物门 74 种（69.81%）

［图 6-1（b）］。优势物种为闪蚬（*Corbiculanitens*）（*Y*=0.02）、琵琶拟沼螺（*Assiminea*lutea）（*Y*=0.02），以及毛头纹石蛾（*Hydropsycheorientails*）（*Y*=0.02）。在污染严重的水体中，有些底栖动物难以生存，因此往往是耐污种类形成优势种。

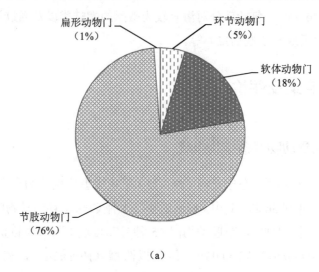

（a）

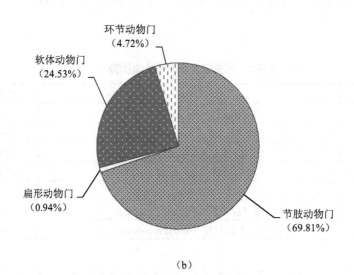

（b）

图 6-1　乐安河大型底栖动物群落组成

6.1.2 大型底栖动物多样性水平

5 月（春季）和 10 月（秋季）两次采样调查结果中，大型底栖动物玛格列夫（Margalef）丰富度指数（d）平均值为 2.85 和 2.02；皮卢（Pielou）均匀度指数（J）平均值为 0.88 和 0.77；香农-威纳（Shannon-Wiener）多样性指数（H'）平均值为 2.09 和 1.54；辛普森（Simpson）多样性指数（D）平均值为 0.83 和 0.28。不同多样性指数的变化趋势见图 6-2～图 6-5。

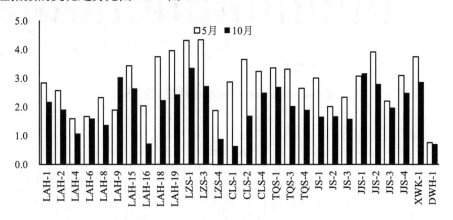

图 6-2　Margalef 丰富度指数（*d*）

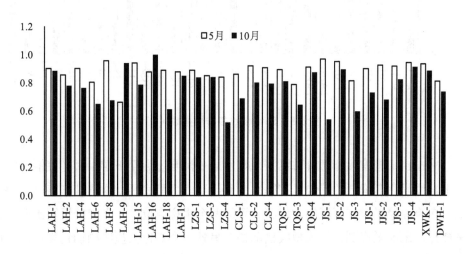

图 6-3　Pielou 均匀度指数（*J*）

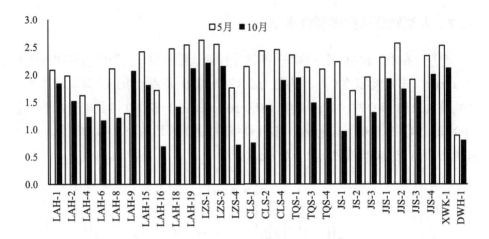

图 6-4　Shannon-Wiener 多样性指数（*H'*）

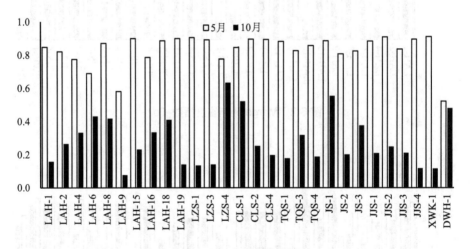

图 6-5　Simpson 多样性指数（*D*）

Margalef 丰富度指数计算结果从显示乐安河自上游至下游，大型底栖动物物种丰富度呈逐渐降低的趋势，在德兴铜矿区域，大型底栖动物物种丰富度大幅降低。在流经德兴铜矿区域的大坞河设置的两个采样点位中，上游接近铜矿矿区的采样点位未能采集到任何大型底栖动物，另外一个点位大型底栖动物物种多样性极低。其余各支流从源头自上而下 Margalef 丰富度指数逐渐降低，其中，李宅水和长乐水沿河流梯度物种丰富度变化较为明显。

Shannon-Wiener 多样性指数计算结果与 Margalef 丰富度指数结果大体一致。Pielou 均匀度指数结果显示，德兴铜矿周边的点位（LAH-16）、本次调查的最下游点位（LAH-9）、香屯镇周边（LAH-1）、德兴市周边（JS-2）、河头村周边（JJS-4）等点位 Pielou 均匀度指数值较大，物种丰富度相对较低。LAH-8、LAH-6、LAH-18、LZS-4、CLS-1、JS-1、DWH-1 优势度指数较大，点位种群内不同种类生物数量分布较不均匀，优势种的相对密度较大。

总体而言，德兴市乐安河大型底栖动物多样性受环境影响显著。德兴铜矿及各城镇周边河流大型底栖动物多样性明显降低，乐安河大型底栖动物多样性自上游至下游整体呈现下降趋势。由此可见，大型底栖动物对重金属污染极其敏感。

从季节变化上看，两次采样调查结果表明，乐安河 5 月大型底栖动物生物多样性整体高于 10 月调查采样结果。这是由于夏季水温较高，光照强度等有适合底栖动物生存的条件。

6.1.3 大型底栖动物空间变化

聚类分析结果表明，乐安河（德兴段）大型底栖动物空间分布上可分为 3 组（图 6-6）。

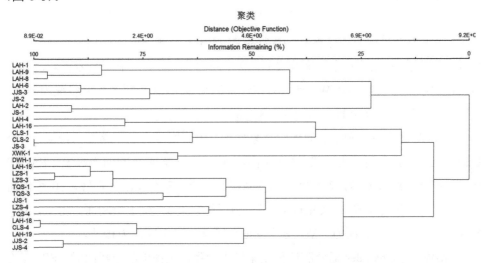

图 6-6 乐安河各样点大型底栖动物聚类分析

第一组包括 LAH-1、LAH-6、LAH-8、LAH-9、JJS-3、JS-2 等样点，该组环境指示物种为苏氏尾鳃蚓（*Branchiurasowerbyi*）。第一组采样断面分布于乐安河德兴段自名口镇至虎山水文站的下游区域、德兴市城区以及黄柏乡城区，这些断面的共同特点是受人类生产生活的影响较大，乐安河德兴段下游区域在 2019 年之前，河流底质受采砂活动影响较为严重，河岸边采砂场多见。

第二组由位于乐安河上游的 LAH-4、LAH-16、长乐水 CLS-1、CLS-2、支流洎水 JJ-3、大坞河 DWH-1 和浮溪河 XWK-1 7 个调查样点组成，该组的环境指示物种为椭圆萝卜螺（*Radix swinhoei*）。第二组采样断面主要分布于德兴铜矿区域附近以及支流洎水河和长乐水上游。

第三组包括 LAH-15、LAH-18、LAH-19、LZS-1、LZS-3、LZS-4、TQS-3、TQS-4、JJS-1、CLS-4、JJS-2、JJS-4 等调查样点，第三组的环境指示物种为梨形环棱螺（*Bellamyapurificata*）、纹沼螺（*Parafossarulusstriatulus*）、色带短沟蜷（*Semisulcospiramandarina*）和短丝蜉属一种（*Siphlonurussp*）。第三组调查样点主要分布在乐安河德兴段自德兴铜矿区域往婺源方向的上游、支流李宅水、体泉水和建节水，这些断面生境质量普遍较高。

6.2 评价结果

5 月调查结果中大型底栖动物生物指数（FBI）水质评价结果显示，调查区域有 4 个断面为健康，10 个断面为良好，9 个断面为一般，5 个断面为较差，没有断面评价结果为极差；BMWP 计分系统评价结果显示，2 个断面水质状况为健康，8 个断面为良好，10 个断面为一般，8 个断面为较差。

10 月调查结果中 FBI 水质评价结果显示，调查区域有 5 个断面为健康，6 个断面为良好，7 个断面为一般，6 个断面为较差，以及 4 个断面为极差。BMWP 计分系统评价结果显示，2 个断面水质状况为健康，8 个断面为良好，10 个断面为一般，8 个断面为较差。Chandler 记分制评价结果表明，1 个断面为健康，8 个断面为良好，12 个断面为一般，6 个断面为较差，一个断面为极差。

BMWP 与 Chandler 记分制评价结果较为一致，在评价部分断面时，FBI 评价结果与前两者存在一定差异。从综合评价结果来看，除流经德兴铜矿区域的大坞河以外，各支流水质整体状况优于乐安河干流。另外，流经德兴市城区的泊水，3 个断面评价结果为一般或较差，受城镇生产影响较大；乐安河沿河流流动方向，水质状况整体呈下降趋势，德兴铜矿区域受人为干扰程度较大，水质状况较差（表 6-2）。

表 6-2　大型底栖动物水质生物评价结果

河流	点位	FBI		BMWP		Chandler	
		5 月	10 月	5 月	10 月	5 月	10 月
		等级	等级	等级	等级	等级	等级
长乐水	CLS-1	良好	一般	一般	较差	良好	较差
	CLS-2	较差	较差	良好	较差	良好	一般
	CLS-4	一般	良好	良好	良好	良好	良好
大坞河	DWH-1	一般	一般	较差	较差	一般	一般
建节水	JJS-1	良好	健康	良好	健康	良好	良好
	JJS-2	良好	健康	良好	良好	良好	良好
	JJS-3	极差	极差	较差	一般	较差	较差
	JJS-4	良好	良好	一般	一般	一般	较差
泊水	JS-1	较差	极差	一般	较差	一般	一般
	JS-2	极差	较差	较差	较差	较差	较差
	JS-3	较差	较差	良好	一般	良好	一般
乐安河	LAH-1	较差	一般	一般	一般	良好	一般
	LAH-15	较差	良好	一般	良好	一般	良好
	LAH-16	较差	一般	较差	较差	较差	极差
	LAH-18	较差	健康	一般	良好	一般	一般
	LAH-19	较差	一般	一般	良好	一般	良好
	LAH-2	极差	较差	较差	一般	一般	一般
	LAH-4	良好	较差	良好	较差	健康	较差
	LAH-6	较差	极差	一般	一般	一般	一般
	LAH-8	良好	较差	健康	一般	健康	一般
	LAH-9	较差	极差	健康	一般	健康	一般
李宅水	LZS-1	一般	一般	健康	健康	健康	健康
	LZS-3	良好	一般	良好	一般	健康	良好
	LZS-4	良好	健康	一般	较差	一般	较差
体泉水	TQS-1	一般	良好	良好	良好	良好	良好
	TQS-3	良好	健康	健康	良好	健康	良好
	TQS-4	良好	良好	良好	一般	良好	一般
浮溪河	XWK-1	良好	良好	良好	良好	良好	一般

7 乐安河流域地下水重金属污染状况调查

7.1 点位布设

综合考虑河流水域面积、河流形态等河流自然属性，乐安河流域地下水共布设 36 个采样点，如图 7-1 所示。

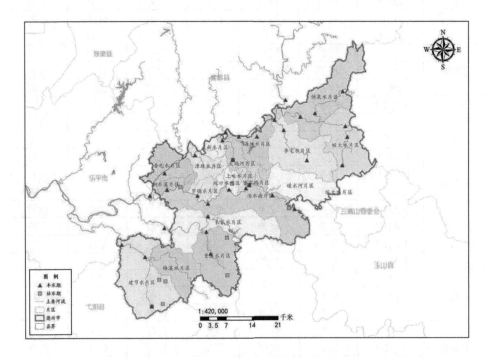

图 7-1 乐安河流域地下水采样点示意图

7.2 地下水重金属污染状况调查

乐安河干流 pH 为 6.23~7.53，可以满足对地下水 pH 的要求。乐安河干流所有采样点中，Ni、Cu、Zn、Pb 的浓度均未超过地下水 Ⅰ 类水限值。位于上游的一个取样点中 Cr 的浓度超过地下水 Ⅰ 类水限值，其他取样点均未超过地下水 Ⅰ 类水限值。中游和下游各一个点位中 As 的浓度超过了地下水 Ⅰ 类水限值，下游的 1 个点位中 Cd 的浓度超过了地下水 Ⅰ 类水限值，为地下水 Ⅱ 类水质。整体而言，乐安河干流地下水受重金属的污染程度较小。

洎水 pH 为 5.80~8.78，所有采样点中，Cr、Cu、Pb 的浓度均未超过地下水 Ⅰ 类水限值。位于中游的 2 个取样点中 Ni 的浓度超过地下水 Ⅱ 类水限值，为地下水 Ⅲ 类水质。

体泉水 pH 为 7.84~8.70，所有采样点中，Ni、Cu、Zn、Cd、Pb 的浓度均未超过地下水 Ⅰ 类水限值。所有采样点的 Cr 的浓度均超过了地下水 Ⅰ 类水限值，但未超过地下水 Ⅱ 类水限值。

李宅水 pH 为 7.68~8.33，可以满足我国地下水环境质量标准。李宅水所有采样点中，Ni、Cu、Cd、Pb 的浓度均未超过地下水 Ⅰ 类水限值。

长乐水 pH 为 7.57~8.69，可以满足我国地下水环境质量标准。长乐水所有采样点中，Ni、Cu、Zn、Cd、Pb 的浓度均未超过地下水 Ⅰ 类水限值。

枯水期本书重点采集了在丰水期测试中水质较差的河流的地下水水样，其中 G56 位于大坞河，G55、G57、G60、G58X 位于洎水，G54 位于长乐水，G59X、G50X、G51X、G52X 位于建节水。G56 的 pH 低于 5.5，为 Ⅴ 类水，G58X、G54、G59X 的 pH 为 5.5~6.5，为 Ⅳ 类水，其余各点满足 Ⅰ~Ⅲ 类水要求。乐安河流域中除了位于洎水的 G55 和位于建节水的 G59X Cr 浓度满足 Ⅲ 类水要求，其余各点满足 Ⅰ~Ⅱ 类水要求；Ni 浓度除了位于大坞河和洎水的 G56、G55、G57 满足 Ⅲ 类水的要求，其余各点满足 Ⅰ~Ⅱ 类水要求；Cu 浓度除了位于洎水的 G57 满足 Ⅲ 类水要求，其余各点满足 Ⅰ~Ⅱ 类水要求；乐安河流域全部点位满足 Zn 浓度、Cd 浓度和 Pb 浓度 Ⅰ~Ⅱ 类水要求；As 浓度除了 G57、G59X、G51X、G52X 满足 Ⅰ~Ⅱ 类水要求，其余各点满足 Ⅲ 类水要求；Hg 浓度除了位于洎水和建节水的 G55、G59X 满足Ⅲ类水要求，其余各点满足Ⅲ类水要求（图 7-2～图 7-8）。

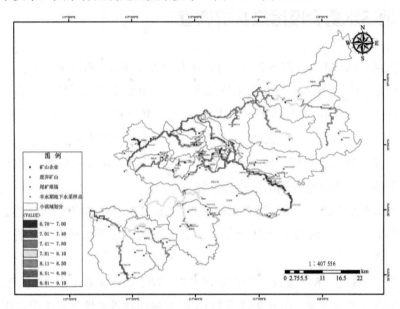

图 7-2　乐安河流域德兴段丰水季地下水 pH

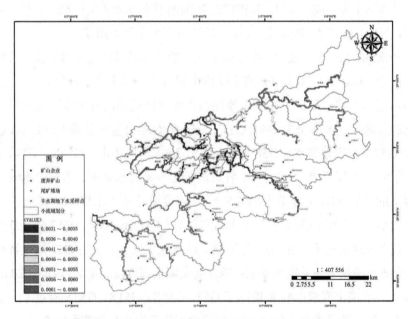

图 7-3　乐安河流域德兴段丰水季地下水 Cr 浓度分布

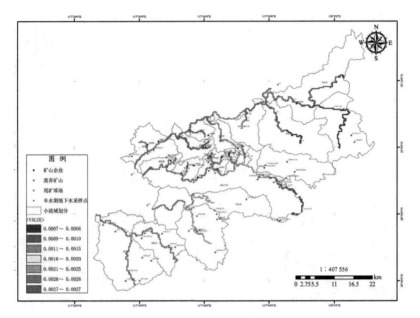

图 7-4 乐安河流域德兴段丰水季地下水 Ni 浓度分布

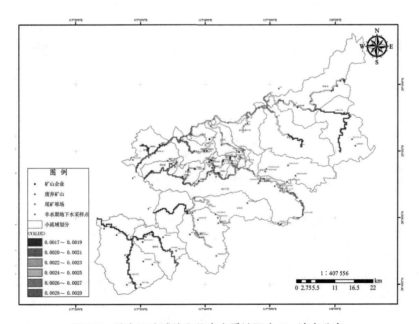

图 7-5 乐安河流域德兴段丰水季地下水 Cu 浓度分布

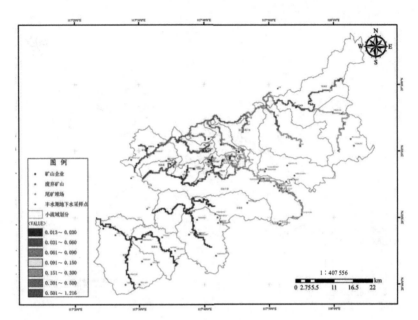

图 7-6　乐安河流域德兴段丰水季地下水 Zn 浓度分布

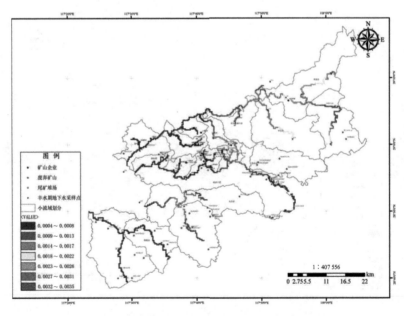

图 7-7　乐安河流域德兴段丰水季地下水 As 浓度分布

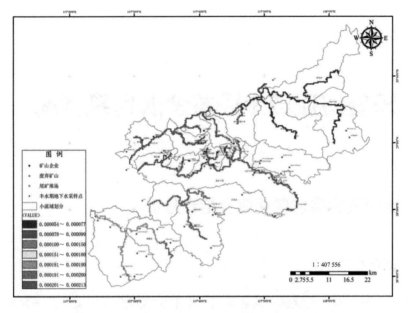

图 7-8 乐安河流域德兴段丰水季地下水 Cd 浓度分布

8 乐安河流域土壤重金属污染状况

8.1 土壤重金属含量调查及结果分析

8.1.1 调查布点方案

根据土壤环境质量现状和问题识别，本书土壤重金属污染调查综合采用了系统布点法、带状布点法和放射状布点法。调查范围主要包括乐安河流域（德兴段）农用地土壤，由于涉重企业分布具有相对集中性，均匀布点法在涉重企业集中乡镇和其他地区分别体现了不同的网格密度，本书农用地土壤污染调查点位总体分布如图 8-1 所示。

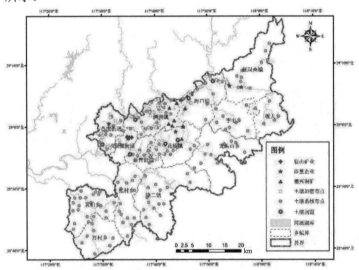

图 8-1 农用地土壤污染调查点位总体分布

通过本书资料调研、现场踏勘、现场咨询和污染物特征分析，识别潜在的重金属污染源。针对涉重企业污染源，涉重企业集中区主要是海口镇、泗洲镇、花桥镇、银城街道和新营街道，设置企业集中区农用地土壤污染调查网格密度约为 500 m×500 m，设置万村乡、龙头山乡和畈大乡等其他区域农用地土壤污染调查网格密度约为 2 km×2 km。结合放射状布点法，得到企业污染源型农用地土壤污染调查采样点位如图 8-2 所示。

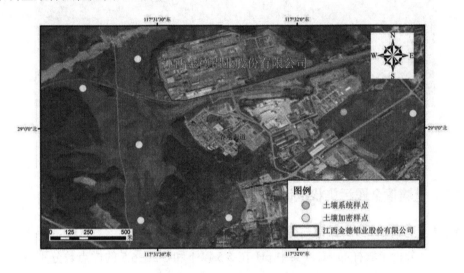

图 8-2　企业污染源型农用地土壤污染调查采样点位示意图

乐安河流域（德兴段）有多条干支流水系，沿岸农用地土壤存在灌溉型污染，因此，综合考虑水体流向采用带状布点法进行土壤污染调查点位的布设，得到灌溉水污染型农用地土壤污染调查采样点位如图 8-3 所示。

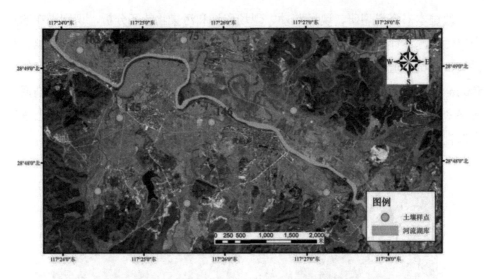

图 8-3   灌溉水污染型农用地土壤污染调查采样点位示意图

8.1.2   土壤重金属污染状况调查

8.1.2.1   土壤 pH 统计结果与分析

综合分析土壤样品 pH，其中 pH 在 5.5 以下和 5.5～6.5 的样点数分别占总数的 77% 和 21%，pH 小于 6.5 的样点数占总样点数的 98%，表明调查范围内大部分区域土壤呈酸性（图 8-4）。

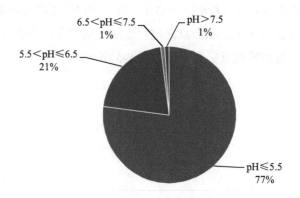

图 8-4   项目区域土壤 pH 分布

8.1.2.2 表层土壤污染状况结果与分析

变异系数反映了数据的相对波动程度，较大的变异系数说明重金属含量分布不均匀，高变异系数表明土壤可能受到人类生产生活活动的影响较大。统计分析结果表明，土壤样品重金属元素变异系数较高，变异程度大小排序为 Cd＞Cu＞As＞Pb＞Zn＞Cr＞Ni，按照变异程度的分类，变异系数小于 10%表示弱变异，10%～90%表示中等变异，大于 90%表示高度变异，其中 Cd 元素属于高度变异，空间变异显著，其余元素属于中等变异，这八种元素分布呈现偏态分布。因此，本书采用平均值来说明整个区域的污染情况。

调查结果显示，土壤中 8 种重金属均存在超标情况，重金属含量范围值跨度较大，调查区域内采集的 263 个表层土壤样品中，主要的污染物 Cd、Cu、Pb 和 As 超标率分别为 67%、20%、10.2%和 5.3%，其中污染范围较大的为 Cd 和 Cu。

德兴市整个区域内 Cd 超标范围较广，主要来源于历史上常年铜矿开采造成伴生元素的释放与该区域的高背景值。高值区集中在乐安河流域下游香屯街道的江西金德铅业有限公司附近。金德铅业主营业务为集铅冶炼、电解、制酸、贵金属综合回收等，在冶炼过程中含 Cd 烟尘造成周边土壤 Cd 蓄积，加重了土壤污染。

Pb 元素的浓度高值区位于当地有色加工厂附近区域，均涉及铅冶炼业务，对其附近土壤中 Pb 污染有较大贡献。

Cu 元素浓度高值区位于大坞河与乐安河交汇区域，大坞河为江西德兴铜矿纳污河流，对周边土壤中 Cu 元素的富集有一定贡献。

As 元素在部分地区也有超标问题。有研究表明，As 在元素周期表中是第 V 主族元素，与 Au（金）有相似的地球化学特性，常共生于矿石中。据统计，世界上有 5%的金矿资源中 As 和 Au 比值高达 2 000∶1；在原生金矿床中，Au 常与砷黄铁矿等含砷矿物共伴生，As 平均含量达 0.5%～2%。金山矿床是调查区内最主要的矿床，金储量属超大型，其中砷黄铁矿就是其最主要的载金矿物。砷黄铁矿属于难处理金矿，常包裹细分散的微粒金，即使将矿石进行超细磨也无法完全解离出金微粒，因此在提金之前必须要进行脱砷预处理，在这个过程中 As 易于释放到环境中，造成土壤 As 污染。此外，暴露于地表的含 As 废石、尾砂、冶炼渣等经过风化和淋滤作用，As 被活化后也会以各种形式释放到周围环境中，造成水体、土壤等介质 As 污染。

8.1.2.3 土壤重金属有效态含量结果与分析

为更深层次分析调查区域土壤污染情况，对土壤样品进行了重金属有效态的协同检测（表 4-1）。结果表明土壤 Cd 的有效态含量范围为 0.001～7.54 mg/kg，平均占比为 30.8%，最高达 74.4%；Pb 的有效态含量范围为 0.01～16.2 mg/kg，有效态占比为 0.01%～40.9%；Zn 的有效态占比为 0.01%～21.9%；其余几种元素有效态含量的占比较低，Hg 有效态含量绝大部分未检出。因此本项目调查区域内主要存在土壤中 Cd 的有效态含量比例较高，说明 Cd 潜在风险较大（图 8-5，图 8-6）。

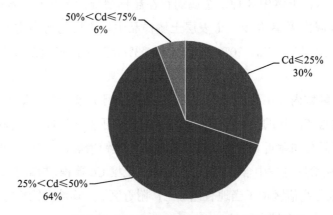

图 8-5　调查区域土壤 Cd 的有效态比例分布

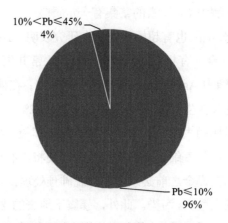

图 8-6　调查区域土壤 Pb 的有效态比例分布

　　本书基于 ArcGIS 反距离权重插值法，模拟出调查区域土壤四种主要污染元素重金属有效态浓度分布。调查区域土壤重金属有效态 Cd 的分布跟总量基本一致。

　　土壤重金属有效态 Cu 的分布跟总量分布有部分区域相似，存在少数高浓度地区，但整个调查区域 Cu 的有效态含量占比不高。调查区域土壤重金属有效态 Pb 总量不超过国家相应标准。

8.2　土壤重金属污染源解析

　　（1）土壤对周围沉积物的影响

　　乐安河流域中游、洎水流域沉积物与土壤中 Cd 污染较为严重，沉积物中 Cd 含量也较高，且与土壤中 Cd 含量表现出显著相关性，表明土壤中 Cd 污染主要来源于水体，经过长年灌溉与漫灌，水体中的 Cd 进入土壤造成土壤污染。通过对乐安河中游各片区与洎水片区涉重企业对水体的影响分析，企业对水体底泥的 Cd 累积表现为或强或弱的贡献。乐安河干流中游、洎水片区沉积物与土壤中 Cu 污染较为严重，与土壤中 Cu 含量表现出显著相关性，表明土壤中 Cu 污染主要来源于水体。乐安河流域中游与洎水流域沉积物与土壤中 Cd 与 Cu 污染较重，表现为长期重金属累积特征。沉积物与土壤中 Cd、Cu 含量表现出较强的相关性，表明乐安河流域与洎水流域土壤中 Cd、Cu 主要来源于水体重金属污染。但乐安河中游及下游段土壤中 Cd 含量明显高于沉积物，表明该流域土壤中 Cd 另有其他途径的污染来源。

　　（2）灌溉对土壤污染的影响

　　洎水横断面由内向外取 3 个土壤剖面 N7、N6、N5，距洎水垂直距离分别为 0.5 km、1.2 km 和 2.2 km，土壤剖面中 As、Hg、Cd、Cu、Zn、Pb 的含量大致表现为 N7＞N6＞N5，但重金属含量整体低于河漫滩与一级阶地。河水灌溉或漫灌造成污染的可能性较大（图 8-7）。

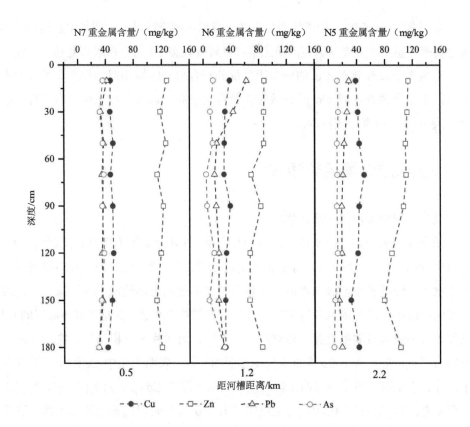

图 8-7　距泊水不同远近土壤重金属的垂向分布

（3）洪泛的影响

　　进一步对比泊水主槽、河漫滩及一级阶地发现重金属含量剖面特征存在显著差异。主槽和河漫滩 Cu、Zn 垂向呈波动性变化，并在 20～40 cm、70～80 cm 出现峰值。由此表明，泊水流域存在两次非常严重的 Cu、Zn 污染事件。同时对比主槽和河漫滩含量，发现河漫滩含量高于主槽，证明泊水丰水季给周边河槽带来重金属污染（图 8-8）。

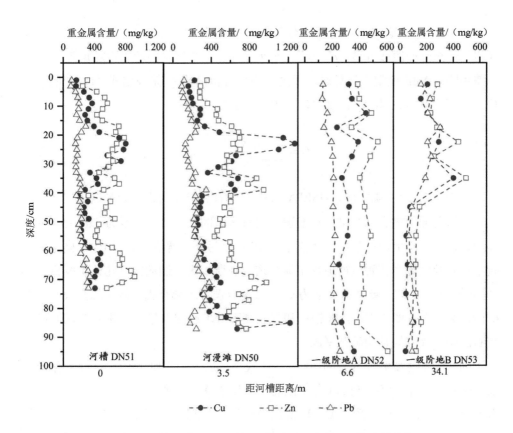

图 8-8　泊水主槽、河漫滩和一级阶地沉积物 Cu 的垂向分布

（4）大气沉降影响

现有的重金属源解析方法大致可以分为两类，一类是定性污染源识别；另一类是定量污染源解析。前者主要通过地统计分析和多元统计分析等方法（主成分分析、聚类分析等）来识别主要污染源。正定矩阵因子分析法（PMF）是近年来发展起来的基于因子分析法改进的新型源解析方法，该方法具有无须事先获取详细的源成分谱、对因子分解矩阵进行非负约束、可较好处理缺失及不精确的数据等特点，已被广泛应用至大气、水体和沉积物中污染物的源解析，PMF 是美国国家环境保护局推荐使用的用于大气污染源解析的受体模型。它的计算遵循：

$$X_{ik} = \sum_{j=1}^{p} G_{ij} F_{jk} + E_{ik} \tag{8-1}$$

式中：X_{ik} 的含义与内梅罗综合污染指数相同；G_{ij} 为第 j 个因子与第 i 个元素相关性矩阵即源成分谱；F_{jk} 为第 j 个因子对第 k 个样本的污染贡献矩阵；E_{ik} 为残差矩阵。PMF 模型在计算时，通过最小化目标函数 Q 来找出式（8-1）的最优解，从而计算出 G_{ij} 和 F_{jk}，Q 可以根据式（8-2）计算：

$$Q = \sum_{i=1}^{n}\sum_{k=1}^{m}\left(\frac{E_{ik}}{U_{ik}}\right)^2 \qquad (8-2)$$

式中，U_{ik} 为不确定度，USEPA（2014）给出了 U_{ik} 的详细计算过程。

通过前面的重金属污染评价发现，调查区域的主要污染元素为 Cd、Cu、Pb，本调查在此基础上通过常规受体模型 PMF 进行污染源解析，利用 PMF 模型对风险重点防控区域乡镇香屯街道、银城街道、新营街道、泗洲镇、花桥镇解析出 4 个因子，因子 1 的主要载荷元素为 Cu，该重点调查区域有我国最大的露天开采铜矿矿山，另分布有多座铜矿，黄铜矿和尾矿废石等堆放会引起周边环境 Cu 的升高，判断因子 1 代表的是铜矿开采源。

因子 2 的主要载荷元素为 As 且占比较高，远大于其他元素，As 在元素周期表中是第 V 主族元素，与 Au 有相似的地球化学特性，常共生于矿石中。据统计，世界上有 5% 的金矿资源中 As 和 Au 比值高达 2 000∶1；在原生金矿床中，Au 常与砷黄铁矿等含砷矿物共伴生，As 平均含量达 0.5%～2%。乐安河流域周边的砷黄铁矿就是其最主要的载金矿物。砷黄铁矿属于难处理金矿，常包裹细分散的微粒金，即使将矿石进行超细磨也无法完全解离出金微粒，因此在提金之前必须要进行脱砷预处理，在这个过程中 As 不可避免地会进入环境中，另外，暴露于地表的含砷废石、尾砂、冶炼渣等经过风化和淋滤作用，As 被活化后也会以各种形式释放到周围环境中，造成大气、水体、土壤等介质中的 As 污染。因子 2 被解释为金矿选冶污染源。

因子 3 的主要载荷元素为 Cd、Pb、Zn，Pb 在冶炼过程中产生的废水、烟粉尘及冶炼渣等都是周围土壤环境的重要污染源，铅冶炼厂附近土壤基本都会受到 Pb、Cd 污染的影响，Zn、As、Cu、Hg 等也可能会污染周边土壤，但在不同冶炼厂情况有所差异，铅烟是冶炼过程中铅污染的主要形式。矿石中通常伴生有较高的 Cd，冶炼生产主要针对 Pb、Zn，导致 Cd 不能被回收利用，从而释放到环境中。

在采选矿的过程中同样也会引起周边土壤受到 Pb、Zn 和其他重金属元素的影响，调查区域历史存在较多铅锌矿开采及冶炼，所以该调查认为因子 3 主要为铅锌矿冶炼源。

因子 4 主要载荷为 Cr、Ni 等，由前述可知，土壤样品中 Cr 的变异系数最小（为 0.54），其次是 Ni，说明土壤中这两种元素含量分布相对较均匀，且两元素超标点位很少，侧面反映出基本处于未受污染状态，根据土壤形成特性，成土母质中本身含有重金属，该调查认为因子 4 代表自然源。

利用 PMF 模型计算得到 8 种元素来源的贡献率，重点调查区域中 Cu 的来源以铜矿开采源（因子 1）为主，铜矿开采源对 Cu 的贡献率达到 66.8%，其次是自然源（因子 4）对 Cu 的贡献率为 21.7%，土壤中 As 的累积主要受金矿选冶污染源（因子 2）影响，该源对 As 的贡献率为 67.2%，土壤中 Cd、Pb 的来源以铅锌冶炼源（因子 3）为主，该源对 Cd、Pb 贡献率达 64.4% 和 48.5%，土壤中 Cr、Ni 的来源以因子 4 自然源为主，自然源贡献率分别为 82.7%、81.1%。

大气颗粒污染物中的 Cd、Pb 等重金属主要来源于工业点源排放以及燃煤、燃油等的排放，并以干湿沉降方式进入土壤中。研究区域存在历史悠久的大型铅锌冶炼厂，对周边土壤中 Pb 与 Cd 的蓄积贡献作用较大。通过对应源成分谱发现，因子 1 的主要载荷元素为 Cu，该重点调查区域有多座大大小小的铜矿，黄铜矿和尾矿废石等堆放会引起周边环境 Cu 的升高，判断因子 1 代表的是铜矿开采源。因子 2 的主要载荷元素为 As 且占比较高，远大于其他元素，As 在元素周期表中是第 V 主族元素，与 Au 有相似的地球化学特性，常共生于矿石中。据统计，世界上有 5% 的金矿资源中 As 和 Au 比值高达 2 000∶1，因此因子 2 解析为金矿选冶污染源。因子 3 的主要载荷元素为 Cd、Pb、Zn，铅锌矿石中通常伴生有较高含量的 Cd，铅锌冶炼会造成土壤中 Cd、Pb、Zn 污染。调查区域历史上存在较多铅锌矿开采及冶炼企业，因此解析因子 3 主要为铅锌矿冶炼源。因子 4 主要载荷为 Cr、Ni 等，土壤中 Cr、Ni 的变异系数较小，且两元素基本未超标，表明来源于成土母质，因此解析因子 4 为自然源（图 8-9）。

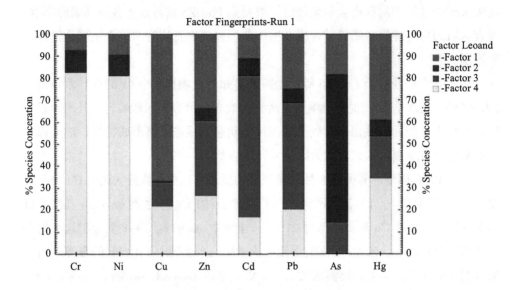

因子 1：主要载荷 Cu；因子 2：主要载荷 As；

因子 3：主要载荷 Cd、Pb、Zn；因子 4：主要载荷 Cr、Ni。

图 8-9　基于 PMF 污染来源解析

（5）背景值影响

德兴市土壤重金属某些元素背景值较高。江西省土壤 Cd、Cu、Zn、Cr 和 Ni 的背景值分别为 0.10 mg/kg、20.80 mg/kg、69.00 mg/kg、48.00 mg/kg 和 19.00 mg/kg，而基于本次调查结果显示，德兴市背景区域土壤中 Cd、Cu、Zn、Cr 和 Ni 的平均含量分别为 0.14 mg/kg、27.64 mg/kg、96.53 mg/kg、50.13 mg/kg 和 27.65 mg/kg，明显高于江西省背景值和全国背景值。以 Cd 为例，我国土壤（A 层）中 Cd 的背景值范围为（0.097±0.079）mg/kg，中位值为 0.094 mg/kg，算术平均值为（0.097±0.079）mg/kg。根据此次背景区域调查结果，德兴土壤中 Cd 背景值为 0.14 mg/kg，远高于我国土壤（A 层）中的 Cd 背景值（表 8-1）。

表 8-1　德兴市土壤元素背景值统计　　　　　　单位：mg/kg

重金属	Cd	Cu	Pb	Zn	As	Hg	Cr	Ni
全国背景值（A 层）	0.097	22.6	26.0	74.2	11.2	0.065	61.0	26.9

重金属	Cd	Cu	Pb	Zn	As	Hg	Cr	Ni
江西省背景值 （A 层）	0.10	20.80	32.10	69.00	10.40	0.080	48.00	19.00
德兴背景值* （A 层）	0.14	27.64	30.55	96.53	10.57	0.068	50.13	27.65

注：* 基于本次污染调查结果。

（6）农业影响

农业生产过程中化肥、农药和地膜等农用物质的使用，会导致农田土壤重金属含量的增高。磷肥、城市污泥和畜禽粪便等肥料重金属含量很高。以往调查显示，商品氮肥、磷肥、钾肥和猪粪尿、鸡粪中的 Cu、Zn 含量普遍偏高，磷肥中的 Cd、Pb 含量存在明显的环境风险，长期施用含有重金属的农药也会引起土壤重金属的污染，如杀虫（菌）剂波尔多液和苯甲酸硼酸 Cu 等农药中含有 Cu，长期施用这些制剂会导致重金属的积累。一定历史时期内取水灌溉也会引起 Cd 的累积（表 8-2）。

表 8-2　肥料与粪肥中重金属的含量分析　　　单位：mg/kg

重金属	Cd	Cu	Pb	As	Cr	Ni	Zn	Hg
11 种肥料平均含量	0.07	8.10	2.04	2.43	17.01	2.27	259.09	0.02
80 kg/亩施加累积量	11.64	1 296.00	325.82	389.31	2 721.45	363.64	41 454.55	3.58
7 种鸡粪平均含量	0.23	55.23	3.56	1.34	13.16	5.13	335.14	0.03
10 kg/亩施加累积量	22.86	5 522.86	355.71	3.12	1 315.71	512.86	33 514.29	3.12

对德兴市内市售的 11 中肥料进行检测，调查结果表明肥料中重金属元素 Hg、As、Cd、Pb、Cr 均符合《肥料中有毒有害物质的限量要求》（GB 38400—2019）限值标准，但肥料仍会造成土壤中重金属元素的蓄积，按照 80 kg/亩施加量计算，每年由肥料引入 Cd、Cu、Pb、As 的量分别为 0.01 g、1.30 g、0.326 g、0.389 g，粪肥按照每年施加量 50 kg/亩计算，引入 Cd、Cu、Pb、As 的量分别为 0.02 g、5.52 g、0.355 g、0.003 g，肥料与粪肥的使用，常年累积会成为土壤中重金属的重要来源。

8.3 土壤重金属污染风险评价

土壤综合污染评价采用内梅罗综合污染指数法，兼顾了单个污染物的污染指数平均值和最大值，计算公式如下：

$$P_n = \sqrt{\frac{P_{i,ave}^2 + P_{i,max}^2}{2}} \qquad (8-3)$$

式中，P_n 为内梅罗综合污染指数；$P_{i,ave}$ 为某点位中所有污染物（如 Cd、Cu 或 As）的单因子污染指数的平均值；$P_{i,max}$ 为某点位中所有污染物的单因子污染指数的最大均值。根据内梅罗综合污染指数可以将土壤环境质量分为五个等级，分类标准见表 8-3。

表 8-3 内梅罗综合污染指数分类标准

内梅罗综合污染指数（P_n）		
等级	指数	污染程度
1	$P_n \leqslant 0.7$	清洁
2	$0.7 < P_n \leqslant 1.0$	尚清洁
3	$1.0 < P_n \leqslant 2.0$	轻度污染
4	$2.0 < P_n \leqslant 3.0$	中度污染
5	$P_n > 3.0$	重度污染

根据项目区域采集的土壤样品检测结果计算内梅罗综合污染指数，从表 8-4 中可以看出，内梅罗综合污染指数范围值 0.41～34.85，表明项目区域土壤污染分布不均匀，差异性较大，表 8-4 中给出了调查区域内梅罗综合污染指数的空间分布图，从图 8-10 中可以看出风险防控重点区域范围为香屯街道、银城街道、新营街道、泗洲镇、花桥镇，其余乡镇风险相对较小，进一步分析发现，在所有采样点中 9.5%的土壤受到重度污染，7.9%受到中度污染，40.6%受到轻度污染，其中 Cd 和 Cu 对当地土壤污染的贡献最大。污染指数随着 Cd＞Cu＞Pb＞Zn≈Ni≈Hg≈As＞Cr 的顺序递减，各个元素的平均污染指数为 1.91＞1.07＞0.72＞0.61≈0.55≈0.46≈0.41＞0.27。

表8-4　研究区域土壤内梅罗风险指数

元素		P_n	Cr	Ni	Cu	Zn	Cd	Pb	As	Hg
平均值	—	1.45	0.27	0.55	1.07	0.61	1.91	0.72	0.41	0.46
最小值	—	0.41	0.16	0.33	0.49	0.42	0.40	0.30	0.27	0.10
最大值	—	34.85	0.25	0.45	0.75	0.71	48.80	3.46	0.64	0.29
百分位值	25%	0.803 5	—	—	—	—	—	—	—	—
	50%	1.103 6	—	—	—	—	—	—	—	—
	75%	1.573 5	—	—	—	—	—	—	—	—

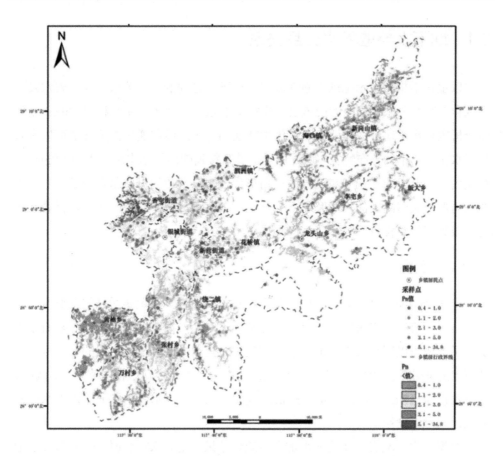

图8-10　项目区域内梅罗综合污染指数空间分布

9 介质间交互关系

9.1 地下水与地表水交互关系

以水化学指标为示踪剂判断地表水及地下水之间的交互关系。若地表水及地下水存在交互关系，则两者应该表现出相似的水化学性质。在此利用 Piper 三线图分析丰枯水季地表水和地下水水化学特征。Piper 三线图通过图示方法可以有效指示水化学离子的分布特征，通过图示能够直接反映出样本水化学类型。Piper 三线图由三部分组成。其中左下方的三角形代表阳离子的相对摩尔百分量，右下角的三角形代表阴离子的相对摩尔百分量。向上方菱形延伸所得的交点，代表水样的阴阳离子相对含量。

9.1.1 丰水季

丰水季 Piper 三线图见图 9-1。如前所述，硫酸根是重金属污染的重要水化学指示指标，若地表水污染地下水，会导致地下水硫酸根浓度升高。但是从右下角阴离子组成可以明显看出，地表水中硫酸根含量较高，位于三角图的左上方；而地下水主量阴离子为碳酸氢根。统计结果显示丰水季地表水硫酸根均值为 262 mg/L，地下水仅为 17 mg/L，地下水硫酸根浓度显著低于地表水，由此证明地下水没有受到地表水污染影响。

根据丰水季地表水及地下水重金属统计结果，地表水重金属污染明显高于地下水，地表水铜平均浓度为 24 μg/L，地下水为 2 μg/L；地表水 Ni 均值为 4.3 μg/L，地下水约为 1.5 μg/L；地表水 Cd 均值为 0.9 μg/L，地下水为 0.1 μg/L；地表水 Pb 均值为 6.2 μg/L，地下水为 0.22 μg/L。进一步证明地表水重金属污染没有直接进入地下水。

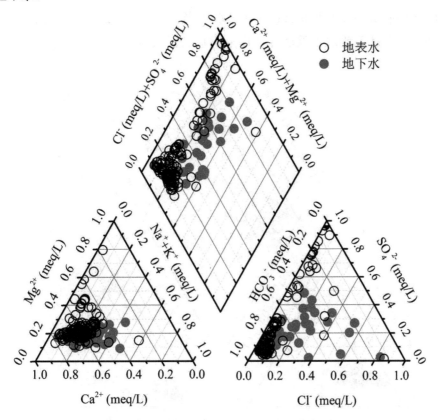

图 9-1　丰水季地表水和地下水水化学类型

9.1.2　枯水季

枯水季 Piper 三线图见图 9-2。枯水季地表水及地下水水化学类型差异更加明显，从上方菱形可以看出，污染地表水水化学类型均为硫酸钙型，而地下水主要为重碳酸钙型。统计结果显示枯水季地表水硫酸根均值为 969 mg/L，地下水仅为 20 mg/L，地下水硫酸根浓度显著低于地表水，由此证明地下水没有受到地表水污染影响。

根据枯水季地表水及地下水重金属统计结果，地表水重金属污染明显高于地下水，地表水铜平均浓度为 1 020 μg/L，地下水为 2 μg/L；地表水 Ni 均值为 72 μg/L，

地下水约为 3.2 μg/L；地表水 Zn 均值为 169 μg/L，地下水为 64 μg/L；地表水 Cd
均值为 5.0 μg/L，地下水为 0.2 μg/L；地表水 Pb 均值为 2.1 μg/L，地下水为 1.17 μg/L。
进一步证明枯水季地表水重金属污染没有直接进入地下水。

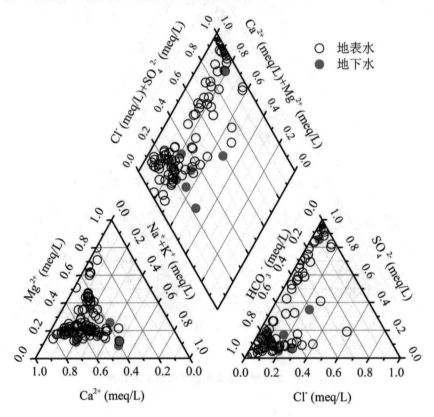

图 9-2   枯水季地表水和地下水水化学类型

9.1.3   基于氢氧稳定同位素考察地表水及地下水交互作用

处于水循环系统中不同的水体，因成因不同而具有特征性的同位素组成，即
富集程度不同的稳定氢（²H 或 D）和氧（¹⁸O）同位素。不同水体中的同位素浓
度变化可示踪其形成和运移方式，认识变化环境下的水循环规律及水体间的相互
关系。地表水与地下水在相互转化过程中，水中溶解的物质伴随水量的交换同步
进行。因此，天然水化学组成在一定程度上记录着水体形成、运移的历史，是研

究地表水与地下水相互关系的一种有效示踪方法。

图 9-3 给出了乐安河及周边丰水期地表水及地下水水体氢氧稳定同位素的关系。由图 9-3 可知，丰水期地表水及地下水中氢氧稳定同位素存在显著差异。地表水氢氧稳定同位素均值为 –27.2‰和 –3.2‰，而地下水均值分别为 –38.0‰和 –7.0‰，相差非常明显。根据氢氧稳定同位素示踪原理，当地表水及地下水存在密切的水力联系时，氢氧稳定同位素趋于一致。由此可以判断，乐安河流域丰水期地表水及地下水交互关系并不明显，地下水对地表水贡献很小。

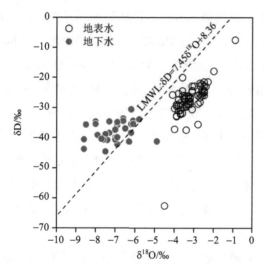

图 9-3　乐安河及周边丰水期地表水及地下水水体氢氧稳定同位素关系

不同潜在水源对植物的贡献率采用基于多源线性混合模型的 IsoSource 软件计算，该模型可用于计算多种水分来源存在的情形下植物对各水源的利用比例及范围。在模型的运行时，其中的参数来源增量设为 1%，表示 1%的增量赋值时植物对每种水源的利用比例。质量平衡公差设为 0.01%，表示各水源同位素值被利用比例加权值之和与植株水的同位素值差异不超过 0.01%时，比例组合被认为是可能的。

（1）地表水与地下水相互补给计算模型

根据质量守恒原理，利用水体稳定同位素值计算补给来源及比例，公式如下：

$$\delta_r = \sum_{i=1}^{n} P_i \delta_i \tag{9-1}$$

$$\sum_{i=1}^{n} P_i = 1 \tag{9-2}$$

式中，δ_r 表示河水或地下水某一采样点的同位素组成；δ_i 表示补给来源的同位素组成；P_i 中 $i = 1, 2, \cdots, n$；P_i 表示河水或地下水的补给比例。

（2）地表水与第四系浅层地下水补给关系

降水同位素分析。德兴降水同位素组成可参照千烟洲，千烟洲降水 $\delta^2 H$ 和 $\delta^{18} O$ 变化范围分别为 –74.4‰～–1.1‰ 和 –8.35‰～0.38‰，标准差分别为 20.04‰ 和 2.48‰，大气降水线（LMWL）为 $\delta^2 H = 7.34\delta^{18} O - 1.98$。与全球大气水线（$\delta^2 H = 8\delta^{18} O + 10$，GMWL）和全国大气水线（$\delta^2 H = 7.9\delta^{18} O + 8.2$）相比，当地大气水线的斜率和常数项均偏小，说明降水过程中同位素发生蒸发分馏。

降水同位素季节差异明显，干季由于降水少，蒸发强烈，降水同位素富集，而雨季则表现为贫化。另外，降水同位素的这种差异还受水汽来源的影响。受季风影响，雨季水汽主要来自同位素值低的海水，所以雨水同位素值贫化，而干季温度高，云下蒸发强烈，导致降水同位素富集。降水量、温度、水气压和风都是影响降水同位素的气候因子。

乐安河流域（德兴段）地表水 $\delta^2 H$ 和 $\delta^{18} O$ 关系为 $\delta^2 H = 5.28\delta^{18} O - 10.04$，斜率小于当地大气降水线，说明地表水受到了蒸发影响。地表水样点分布在大气降水线周围，说明地表水接受降水补给。但地表水样点在大气降水线上下方均有分布，说明不同地表水样点由于水岩作用和气象要素的差异，导致地表水同位素分馏状况的不同，下方的地表水点受到降水补给后分馏效应更明显。结合地表水样点分布图可以看出，下方样点多处于河流下游，而这些样点受蒸发影响较大。地下水样点分布在当地大气降水线上方，说明地下水受到的分馏效应较弱。乐安河流域，山区地下水主要由降水和地表水补给，而且地表水和地下水交换频繁，从样点分布来看，地下水样点主要分布在地表水样点的下方，说明地下水接受地表水补给后分馏效应的减弱。

9.2   土壤与地表水交互关系

本书在流域干支流选取 9 个点位采取土壤剖面，分析土壤水来源（图 9-4）。

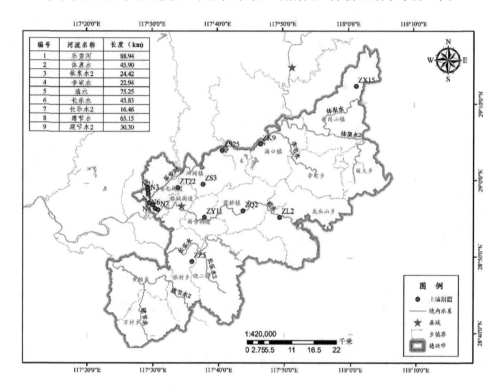

编号	河流名称	长度（km）
1	乐安河	88.94
2	体泉水	45.90
3	体泉水2	24.42
4	罗家水	22.94
5	洎水	75.25
6	长乐水	43.83
7	长乐水2	16.46
8	建节水	65.15
9	建节水2	30.30

图 9-4 土壤剖面点位分布

9.2.1 乐安河上游土壤水同位素剖面变化

点位 ZX15 位于体泉水上游（图 9-5）。上游地表水点位 W02-W04 $\delta^{18}O$ 和 δD 取值范围分别为 −4‰～−3.1‰ 和 −30.8‰～−30.2‰，上游地下水点位 G6 $\delta^{18}O$ 和 δD 取值分别为 −6.5‰ 和 −36.9‰。地表水及地下水氢氧稳定同位素差异较大，表明上游区域地表水及地下水交互作用较弱。

土壤水氢氧稳定同位素剖面（图 9-5）显示 1.2 m 深处土壤水 $\delta^{18}O$ 和 δD 分别

为 −2.5‰和 −28.9‰，同位素取值与地表水接近，表明地表水灌溉入渗是土壤水的主要来源。受蒸发同位素分馏效应影响，氢氧同位素随深度减小呈显著升高趋势，区域蒸发对土壤水动态影响较大。

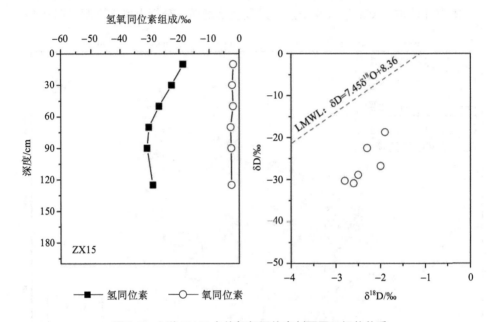

图 9-5　上游 ZX15 点位氢氧同位素剖面图及相关关系

9.2.2　中游支流尾矿库小流域土壤水同位素剖面变化

点位 ZX09 位于小流域下游，点位附近地表水点位 W34 $\delta^{18}O$ 和 δD 取值分别为 −4‰和 −37.1‰，附近地下水点位 G11 $\delta^{18}O$ 和 δD 取值分别为 −7‰和 −40‰。地表水及地下水氢氧稳定同位素差异较大，表明区域地表水及地下水交互作用较弱。

土壤水氢氧稳定同位素剖面（图 9-6）显示 1.8 m 深处土壤水 $\delta^{18}O$ 和 δD 分别为 −3.5‰和 −37.4‰，同位素取值与地表水接近，表明地表水灌溉入渗是土壤水的主要来源。受蒸发同位素分馏效应影响，氢氧同位素随深度减小呈显著升高趋势，区域蒸发对土壤水动态影响较大。

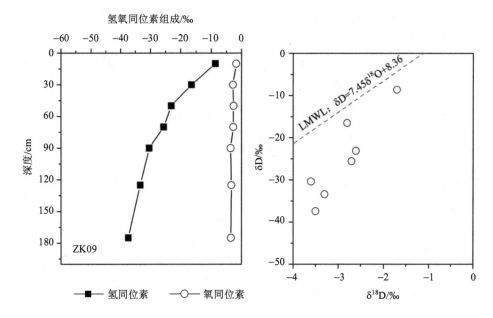

图 9-6　中游 ZK09 点位氢氧同位素剖面图及相关关系

9.2.3　下游土壤水同位素剖面变化

点位 ZT22 位于干流下游。点位附近地表水点位 W60 $\delta^{18}O$ 和 δD 取值分别为 −4.5‰和 −62.6‰，附近地下水点位 G15 $\delta^{18}O$ 和 δD 取值分别为 −6.2‰和 −30.5‰。地表水及地下水氢氧稳定同位素差异较大，表明区域地表水及地下水交互作用较弱。

土壤水氢氧稳定同位素剖面（图 9-7）显示 1.8 m 深处土壤水 $\delta^{18}O$ 和 δD 分别为 −2‰和 −28.7‰，同位素取值与地表水和地下水存在较大差异。由于该点位距离地表水及地下水采样点较远，故可能存在局部水源补给造成土壤水同位素特征差异。受蒸发同位素分馏效应影响，氢氧同位素随深度减小呈显著升高趋势，区域蒸发对土壤水动态影响较大。

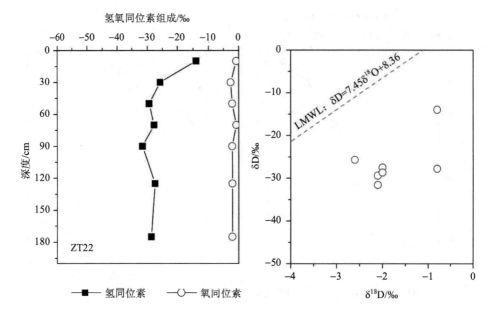

图 9-7 下游 ZT22 点位氢氧同位素剖面图及相关关系

9.2.4 大坞河小流域土壤水同位素剖面变化

点位 ZS25 位于大坞河小流域下游。点位附近地表水点位 W43 $\delta^{18}O$ 和 δD 取值分别为 −3.3‰和−29‰，附近地下水点位 G36 $\delta^{18}O$ 和 δD 取值分别为 −6.9‰和−39.9‰。地表水及地下水氢氧稳定同位素差异较大，表明区域地表水及地下水交互作用较弱。

土壤水氢氧稳定同位素剖面显示 1.8 m 深处土壤水 $\delta^{18}O$ 和 δD 分别为 −3.6‰和 −42.3‰，氧同位素取值与地表水接近，表明地表水灌溉入渗是土壤水的主要来源。受蒸发同位素分馏效应影响，氢氧同位素随深度减小呈显著升高趋势，区域蒸发对土壤水动态影响较大。

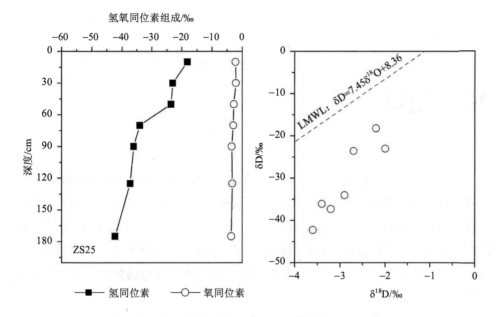

图 9-8 大坞河 ZS25 点位氢氧同位素剖面图及相关关系

10 结论

    对有色金属开采区而言，矿业活动是邻近河流流域非常重要的重金属污染源。乐安河发源于皖赣边界五龙山西侧，其中乐安河（德兴段）由于受到德兴市的矿业开采活动的影响，导致环境问题突出。本书通过对乐安河（德兴段）的重金属污染状况分析与风险评估，分析与评估了乐安河流域中各种重金属的可能来源与污染状况，为乐安河（德兴段）重金属污染的防治对策提供参考，具体的结论如下。

    （1）丰水季和枯水季的重金属的分布、重金属的超标点位与持续生产的企业，包括进行铜矿采选的德兴铜矿，还有一些停产和关闭的企业、废弃矿山和尾矿堆场的累积排放有很大关系。乐安河丰水季的离子浓度较高，而重金属污染按照对河水影响从大到小排序为 Ni、Cr、Cu、Pb、Zn、Cd、As。其中 Ni、Cr、Cu 排名靠前，对水质影响较大，Cd、As 对水质影响较小。乐安河干流枯水季的钠离子浓度较高，而重金属污染按照对河水影响从大到小排序为 Ni、Zn、Cu、Cd、Pb、As、Hg、Cr。

    （2）针对乐安河流域沉积物重金属的污染状况调查发现，德兴市主要河流表层沉积物中典型重金属含量排序为 Cu>Zn>Pb≈Cr>Ni≈As>Cd>Hg。其中，Cu 的平均含量最高，取值范围 10～4 822 mg/kg，变化范围较大，变异系数高达2.25。另外，乐安河表层沉积物重金属以残渣态为主要形态，但其中 Cu、Zn 其他形态含量比例也较高，各个重金属不同形态含量占比存在显著差异。从沉积物的垂向变化分析可以看出，重金属表层较高，随深度呈现不同程度的下降趋势。其中，Cu 表层含量最高，随深度逐渐降低，证明沉积过程中，Cu 污染不断加剧。Cd 最高值出现在 2 cm 处，垂向呈现先降低再升高的趋势，证明历史上存在 Cd 污染事件，此后污染降低。近年来，污染有上升趋势，其中以 Cu 为代表的重金属来自铜矿开采等人为活动造成的底泥重金属累积污染。而以 Cd 为代表的重金属与 Cu 的来源并不完全相同，存在其他来源的贡献。

（3）针对乐安河的水生生物环境质量分析发现，大型底栖动物群落结构组成共有 4 门 8 纲 36 科。乐安河自上游至下游，大型底栖动物物种丰富度呈逐渐降低的趋势，在德兴铜矿区域，大型底栖动物物种丰富度大幅降低。总体而言，德兴市乐安河大型底栖动物多样性受环境影响显著。由此可见，大型底栖动物对重金属污染极其敏感。

（4）乐安河流域地下水重金属污染状况调查，乐安河干流所有采样点中，Ni、Cu、Zn、Pb 的浓度均未超过地下水 I 类水限值。整体而言，乐安河干流地下水受重金属的污染程度较小。

（5）乐安河流域土壤重金属污染状况。乐安河流域（德兴段）有多条干支流水系，沿岸农用地土壤存在灌溉型污染，土壤样品重金属元素变异系数较高，变异程度大小排序为 Cd＞Cu＞As＞Pb＞Zn＞Cr＞Ni，表明土壤可能受到人类生产生活活动的影响较大。土壤中 8 种重金属均存在超标情况，重金属含量范围值跨度较大，调查区域内采集的 263 个表层土壤样品中，主要污染物 Cd、Cu、Pb、As 的超标率分别为 67%、20%、10.2% 和 5.3%，其中污染范围较大的为 Cd 和 Cu。这些土壤重金属污染主要来源于历史上常年铜矿开采以及其他矿业公司金属冶炼造成的土壤污染。

参考文献

[1] 陈怀满. 土壤-植物系统中的重金属污染[M]. 北京：科学出版社，1996.

[2] 池源. 安徽铜陵地区土壤和河流沉积物重金属分布特征与污染评价[D]. 南京：南京大学，2013.

[3] 李文明，朱天稳，邢继伟. 农田土壤重金属污染与防治[J]. 农民致富之友，2013（18）：37-38.

[4] 张延. 日本水俣病和水俣湾的环境恢复与保护[J]. 水利技术监督，2006，14（5）：50-52.

[5] 杨宵霖，郑舜琼. 环境铅污染对妇女生育功能危害的调查[J]. 环境与健康杂志，1998，15（1）：154-156.

[6] 秦俊法，李增禧. 镉的人体健康效应[J]. 广东微量元素科学，2004，11（6）：1-10.

[7] 罗强，任永波，郑传刚. 土壤重金属污染及防治措施[J]. 世界科技研究与发展，2004，26（2）：42.

[8] 蔡娜. 农业环境中重金属污染源分析[J]. 河南农业，2020，525（1）：33.

[9] 黄铭洪，束文圣，周海云，等. 环境污染与生态恢复[M]. 北京：科学出版社，2003.

[10] 王占岐，魏民. 国内外"人工矿床"研究现状与前景[J]. 地球科学进展，2001，16（2）：235-237.

[11] 吴超，廖国礼. 有色金属矿山重金属污染评价研究[J]. 采矿技术，2006，6（3）：360-363.

[12] 廖国礼，吴超. 矿山环境重金属污染的事故树分析[J]. 安全与环境工程，2006（3）：29-33.

[13] 贾晓慧. 水生植物受重金属污染毒害的相关研究[J]. 焦作大学学报，2005（3）：54-55.

[14] 王召根. 重金属镉和铜对泥蚶的毒性效应研究[D]. 上海：上海海洋大学，2013.

[15] 李华. 重金属在淡水鱼体内的蓄积、排出机理及其金属硫蛋白的研究[D]. 哈尔滨：东北农业大学，2013.

[16] 袁浩，王雨春，顾尚义，等. 黄河水系沉积物重金属赋存形态及污染特征[J]. 生态学杂志，2008，27（11）：1966-1971.

[17] 张義，于一雷，李胜男，等. 潮河沉积物重金属污染特征及生态风险评价[J]. 环境科学与技术，2020，43（7）：169-179.

[18] 许振成，杨晓云，温勇，等. 北江中上游底泥重金属污染及其潜在生态危害评价[J]. 环境科学，2009，30（11）：3262-3268.

[19] Bing H，Zhou J，Wu Y H. Current state，sources，and poten-tial risk of heavy metals in sediments of Three Gorges Reservoir，China[J]. Environmental Pollution，2016，214：485-496.

[20] 潘丽波，乌日罕，王磊，等. 北京市密云水库上游土壤和沉积物重金属污染程度及风险评价[J]. 环境工程技术学报，2019，9（3）：261-268.

[21] 彭小明，吴鑫，汪志军. 鄱阳湖表层沉积物重金属污染特征及风险评价[J]. 江西化工，2019（5）：3-4.

[22] Kujawa M. Evaluation of certain food additives and contaminants[J]. World Health Organization，2011，41（2）：124.

[23] European Food Safety Authority. Casmium dietary exposure in the European population[J]. EFSA Journal，2012，10（1）：2551.

[24] Loumbourdis N S，Kostaropoulos I，Theodoropoulou B，et al. Heavy metal accumulation and metallothionein concentration in the frog Rana ridibunda after exposure to chromium or a mixture of chromium and cadmium[J]. Environmental Pollution，2007，145（3）：787-792.

[25] Liu Z P. Lead poisoning combined with cadmium in sheep and horses in the vicinity of non-ferrous metal smelters[J]. Science of the Total Environment，2003，309（1/3）：117-126.

[26] 刘白林. 白银黄灌区农田土壤重金属空间分布及其污染风险评价[D]. 兰州：兰州大学，2014.

[27] 张玲. 水体重金属污染的现状及生态效应[J]. 江西化工，2017（3）：138-139.

[28] 何苗，刘桂建，吴蕾，等. 巢湖流域丰水期可溶态重金属空间分布及污染评价[J]. 环境科学，2021，42（11）：5346-5354.

[29] 王珍，刘敏，林莉，等. 汉江中下游水体重金属时空分布及污染评价[J]. 长江科学院院报，2021，1：1-7.

[30] 张松. 黑臭河流中溶解性有机质的特征及其与重金属相关性研究——以深圳市茅洲河为例[D]. 兰州：西北师范大学，2020.

[31] 陈葛成，吴翔，吴胡，等. 湖北大冶地区地表水重金属污染特征研究[J]. 中国煤炭地质，2020，32（11）：61-64.

[32] 柳后起，方正，孟岩，等. 环太湖水体污染现状分析[J]. 生态环境学报，2020，29（11）：2262-2269.

[33] Pertsemli E，Voutsa D. Distribution of heavy metals in Lakes Doirani and Kerkini，Northern Greece[J]. Journal of Hazardous Materials，2007，148（3）：529-537.

[34] Sun L，Leybourne M，Rissmann C，et al. Geochemistry of a large impoundment—Part II：Fe and Mn cycling and metal transport[J]. Geochemistry Exploration Environment Analysis，2016，16（2）：165-177.

[35] Acs A，Vehovszky A，Gyori J，et al. Seasonal and size-related variation of subcellular biomarkers in quagga mussels（Dreissenabugensis）inhabiting sites affected by moderate contamination with complex mixtures of pollutants[J]. Environmental Monitoring and Assessment，2016，188（7）：426-429.

[36] 姚兴，邢颖，傅良同，等. 盘江独木河重金属时空分布特征及污染评价[J/OL]. 中国农村水利电，2021. http://kns.cnki.net/kcms/detail/42.1419.TV.20210607.1719.012.html.

[37] Ikem，A，Adisa，S. Runoff effect on eutrophic lake water quality and heavy metal distribution in recent littoral sediment[J]. Chemosphere，2011，82，259-267.

[38] Ilie，M，Raischi，et al. Assessment of heavy metal in water and sediments of the danube river[J]. Journal of Environmental Protection and Ecology，2014，15（3）：825-833.

[39] Magdaleno A，Cabo L D，Arreghini S，et al. Assessment of heavy metal contamination and water quality in an urban river from Argentina[J]. Brazilian Journal of Aquatic Science & Technology，2014，18（1）：113.

[40] Kassegne A B，Berhanu T，Okonkwo J O，et al. Assessment of trace metals in water samples and tissues of African catfish（Clarias gariepinus）from the Akaki River Catchment and the Aba Samuel Reservoir，central Ethiopia[J]. Journal of the Limnological Society of Southern Africa，2019，44（4）：389-399.

[41] Zhou Q，Yang N，Li Y，et al. Total concentrations and sources of heavy metal pollution in global river and lake water bodies from 1972 to 2017[J]. Global Ecology and Conservation，2020，22：1-11.

[42] 张杰，郭西亚，曾野，等. 太湖流域河流沉积物重金属分布及污染评估[J]. 环境科学，2019，40（5）：2202-2210.

[43] 袁浩，王春雨，顾尚义，等. 黄河水系沉积物重金属赋存形态及污染特征[J]. 生态学杂志，2008，27（11）：1966-1971.

[44] Summers J K，Wade L T，Engle V D，et al. Normalization of metal concentrations in estuarine sediments from the Gulf of Mexieo[J].Estuaries，1996，19（3）：581-594.

[45] Fernandez M A，Alonso C，Gonzalez M J，et al. Occurrence of organochlorine insecticides，

PCBs and PCB congeners in waters and sediments of the Ebro River（Spain）[J]. Chemosphere，1999，38（1）：33-43.

[46]　Forstner U. Metal Pollution in the Aquatic Environment[M]. Berlin：Springer Verleg，1978.

[47]　Albrecht A，Reiser R，A Lück，et al. Radiocesium dating of sediments from lakes and reservoirs of different hydrological regimes[J]. Environmental Science & Technology，1998，32（13）：1882-1887.

[48]　Degetto S，Cantaluppi C，Cianchi A，et al. Critical analysis of radiochemical methodologies for the assessment of sediment pollution and dynamics in the lagoon of Venice（Italy）[J]. Environment International，2005，31：1023-1030.

[49]　Wallschläger D，Desai M，Spengler M，et al. How humic substances dominate mercury geochemistry in contaminated floodplain soils and sediments[J]. Journal of Environmental Quality，1998，27（5）：1044-1054.

[50]　Van Derveer，W D Canton，S P. Selenium sediment toxicity thresholds and derivation of water quality criteria for freshwater biota of western streams[J]. Environmental Toxicology & Chemistry，1997，16（6）：1260-1268.

[51]　Anbuselvan N，Senthil N D，Sridharan M. Heavy metal assessment in surface sediments off Coromandel Coast of India：Implication on marine pollution[J]. Marine Pollution Bulletin，2018，131：712-726.

[52]　Mohammad G，Rahman P. Ecological risk assessment of heavy metals in surface sediments from the Gorgan Bay，Caspian Sea[J]. Marine Pollution Bulletin，2018，137：662-667.

[53]　Nguyen T，Zhang W，Li Z，et al. Assessment of heavy metal pollution in Red River surface sediments，Vietnam[J]. Marine Pollution Bulletin，2016，113（1-2）：513-519.

[54]　Maanan M，Saddik M，Maanan M，et al. Environmental and ecological risk assessment of heavy metals in sediments of Nador lagoon，Morocco[J].Ecological Indicators，2015，48：616-626.

[55]　刘兵昌，胡永兴，张斌，等. 甘肃省永登县土壤重金属污染现状评价[J]. 农业与技术，2021，41（12）：90-95.

[56]　Dai L，Wang L，Li L，et al. Multivariate geostatistical analysis and source identification of heavy metals in the sediment of Poyang Lake in China[J]. Science of the Total Environment，2018，621：1433-1444.

[57]　Jiang Y，Guo X. Multivariate and geostatistical analyses of heavy metal pollution from different sources among farmlands in the Poyang Lake region，China[J]. Journal of Soils and Sediments，

2019，19（5）：2472-2484.

[58] 赵杰，罗志军，赵越，等. 环鄱阳湖区农田土壤重金属空间分布及污染评价[J]. 环境科学学报，2018，38（6）：2475-2485.

[59] 余慧敏，郭熙. 鄱阳湖平原区农田土壤重金属 Cd、Hg 空间特征及潜在风险影响因素探析[J]. 核农学报，2020，34（8）：1785-1795.

[60] 刘佳伟，杨明生，段磊光，等. 鄱阳湖西南边缘农田土壤重金属污染特征及环境现状[J]. 河南师范大学学报（自然科学版），2021，49（3）：66-71.

[61] 施泽明，倪师军，张成江，等. 成都市城市土壤中重金属的现状评价[J]. 成都理工大学学报（自然科学版），2005（4）：391-395.

[62] 彭秀红，倪师军，方敏. 城市工业区土壤重金属元素影响评价[J]. 广东微量元素科学，2006（11）：44-47.

[63] Wang G，Zhang S，Xiao L，et al. Heavy metals in soils from a typical industrial area in Sichuan，China：spatial distribution，source identification，and ecological risk assessment[J]. Environmental Science and Pollution Research，2017，24（20）：16618-16630.

[64] 李祥，何鹏，黄艺，等. 成都市工业区表层土壤重金属污染现状评价分析[J]. 绿色科技，2021，23（6）：11-15.

[65] 赛买提·阿布都热合曼，王涛，张建中，等. 乌鲁木齐市重点区域及周边表层土壤重金属污染现状及潜在生态风险评价[A]. 第十届重金属污染防治技术及风险评价研讨会论文集[C]. 中国环境科学学会，2020：10.

[66] Wei B G，Yang L S. A review of heavy metal contaminations in urban soils，urban road dusts and agricultural soils from China[J]. Microchemical Journal，2010，94（2）：99-107.

[67] 王美艳，柳洋，朱惟琛，等. 天津市中心城区绿地土壤重金属污染分布现状分析[J]. 环境科学与技术，2020，43（4）：184-191.

[68] 陶诗阳. 大宝山矿区附近流域重金属污染研究综述[J]. 中山大学研究生学刊（自然科学. 医学版），2015，36（1）：1-9.

[69] 曹春，张松，张鹏，等. 大宝山污灌区土壤-蔬菜系统重金属污染现状及其风险评价[J]. 农业环境科学学报，2020，39（7）：1521-1531.

[70] 范俊楠，郭丽，张明杰，等. 湖北省重点区域及周边表层土壤重金属污染现状及评价[J]. 中国环境监测，2020，36（1）：96-104.

[71] Kibassa D，Kimaro A A，Shemdoe R S，Heavy metals concentrations in selected areas used for urban agriculture in Dar es Salaam，Tanzania[J]. Scientific Research and Essays，2013，8：1296-1303.

[72] Machiwa, J F. Heavy metal levels in paddy soils and rice [Oryza sativa（L）] from wetlands of Lake Victoria Basin, Tanzania[J]. Tanzania Journal of Science, 2010, 36: 59-72.

[73] Moataz K, Ahmed G. Assessment of heavy metals contamination in agricultural soil of southwestern Nile Delta, Egypt[J]. Soil and Sediment Contamination: An International Journal, 2018, 27（7）: 619-642.

[74] Fides S, Kelvin M, Martin K. Heavy metals contamination in agricultural soil and rice in tanzania: A review[J]. International Journal of Environmental Protection and Policy, 2016, 4（1）: 16-23.